COLEÇÃO de QUÍMICA CONCEITUAL

volume 1

ESTRUTURA ATÔMICA, LIGAÇÕES E ESTEREOQUÍMICA

HENRIQUE E. TOMA

ESTRUTURA ATÔMICA, LIGAÇÕES E ESTEREOQUÍMICA

2ª edição

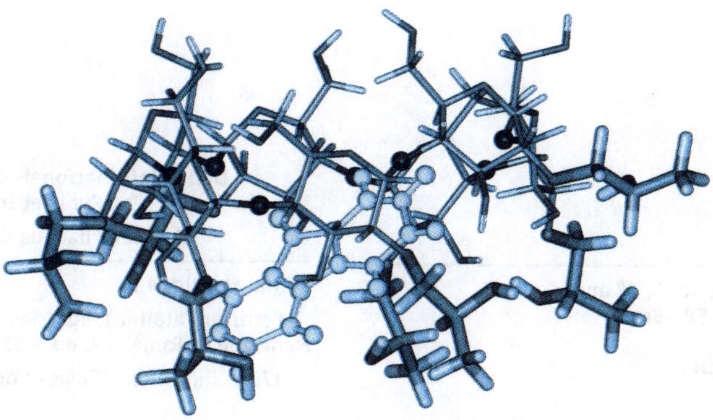

Coleção de Química Conceitual - volume 1
Estrutura atômica, ligações e estereoquímica

1ª edição - 2013

2ª edição - 2017

Editora Edgard Blücher Ltda.

Blucher

Rua Pedroso Alvarenga, 1245, 4º andar
04531-012 - São Paulo - SP - Brasil
Tel.: 55 11 3078-5366
contato@blucher.com.br
www.blucher.com.br

Segundo Novo Acordo Ortográfico, conforme 5. ed. do *Vocabulário Ortográfico da Língua Portuguesa*, Academia Brasileira de Letras, março de 2009.

Dados Internacionais de Catalogação na Publicação (CIP)
Angélica Ilacqua CRB-8/7057

Toma, Henrique E.

Estrutura atômica, ligações e estereoquímica / Henrique E. Toma. - 2. ed. - São Paulo : Blucher, 2017.

176 p. : il. color - (Coleção de Química conceitual; 1)

ISBN 978-85-212-1208-9

1. Química 2. Química nuclear 2. Estereoquímica I. Título. II. Série.

17-0703 CDD 540

Índice para catálogo sistemático:
1. Química

À minha família,

Cris, Henry e Gustavo, e

às várias gerações de alunos que têm
mantido acesa esta chama.

PREFÁCIO

Neste conjunto de textos que compõem a coleção **Química Conceitual**, nossa maior preocupação foi apresentar um conteúdo moderno, representativo do mundo da Química, sem fronteiras. O público-alvo são os químicos e não químicos e, por isso, o ponto de partida não pressupõe qualquer pré-requisito cognitivo. Na série, rompemos, com as divisões clássicas de Química Inorgânica, Orgânica e Físico-química, e procuramos abrir espaço para tópicos que não podem deixar de ser ensinados na atualidade, como a questão dos materiais, da energia, da nanotecnologia, dos aspectos ambientais e da sustentabilidade. Aspectos básicos da Química Orgânica tradicional foram enquadrados de forma harmoniosa na Química dos Elementos e Compostos, para que o leitor perceba as particularidades e semelhanças de forma global, na Tabela Periódica.

Com o avanço e uso extensivo dos recursos computacionais na Química, a ferramenta teórica já não pode mais ser ignorada. Apesar de a Química teórica ser baseada na mecânica quântica, devemos aceitar o desafio de tentar torná-la acessível pedagogicamente, em vez de simplesmente expurgá-la, em razão de sua complexidade. Certamente, muito terá de ser feito nessa área, para que o ensino de Química entre em sintonia com a modernidade e possa usufruir dos seus benefícios.

Alguns dos sistemas abordados no texto podem, inicialmente, parecer demasiadamente complexos. As estruturas de polímeros, medicamentos e materiais ultrapassam nossa capacidade de memorização e, de fato, este não foi o nosso objetivo. A presença dessas estruturas no texto contribuirá para que o leitor aprenda a analisar o fato complexo pelas suas partes simples, e perceba a identidade química dos materiais constituintes que estão ao redor.

CONTEÚDO

CAPÍTULO 1

INTRODUÇÃO

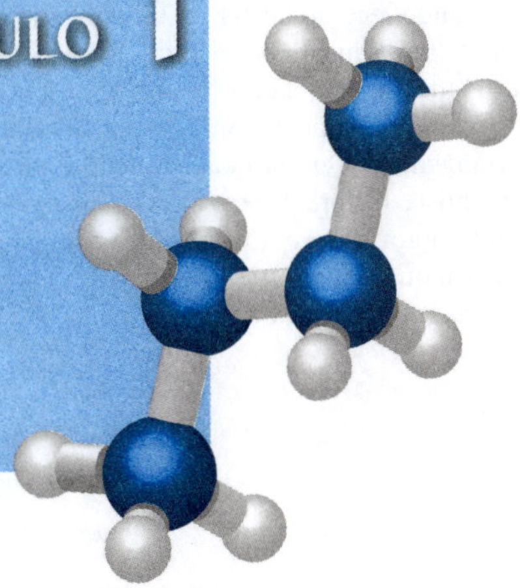

Para compreender melhor o mundo, é indispensável conhecer a *composição* dos corpos e as *leis* que regem as transformações da matéria. Em outras palavras, é preciso falar de Química, que, como ciência, trata da composição, estrutura e propriedades das *substâncias* e, principalmente, dos processos que modificam sua natureza, permitindo a criação de novas substâncias.

Na Química, as teorias existentes passaram, de uma forma ou outra, pelo caminho da

1. observação;
2. experimentação;
3. proposição de modelo; e
4. verificação de sua capacidade de previsão.

Atualmente, com o avanço dos recursos computacionais, os modelos são cada vez mais elaborados, e as teorias, aperfeiçoadas, têm maior capacidade de previsão. Em algumas áreas, como na Química Teórica, os modelos frequentemente antecipam os fatos, porém, mesmo assim, sempre dependerão de experimentos e medidas para a sua convalidação.

Figura 1.1
Heinrich Rheinboldt nasceu em Karlsruhe (Alemanha), em 1891, sendo neto do ilustre químico Heinrich Caro, considerado um ícone no período da criação da indústria química moderna. Rheinboldt foi professor na Universidade de Bonn, e mudou-se para o Brasil, em 1934, para implantar o Departamento de Química na Universidade de São Paulo (USP). Cientista, historiador e educador, juntamente com Heinrich Hauptmann promoveu a nucleação da pesquisa moderna em química no Brasil, formando várias gerações de cientistas de grande expressão. Morreu em 1955.

Com raras exceções, ainda podemos confiar no lema: *na ciência, enquanto a teoria guia, a experiência decide!*

Na busca pela explicação dos fatos, podemos fazer uso do raciocínio dedutivo, partindo do todo para buscar as partes, ou do raciocínio indutivo, seguindo um caminho inverso. Mas não é só de raciocínio que é feita a Química. Segundo Heinrich Rheinboldt (Figura 1.1), um importante cientista que renovou o cenário da Química no Brasil na metade do século passado, a base da Química está na intuição; isto é, na capacidade de sentir quimicamente e "pensar por fenômenos". Dizia o grande Mestre: mais do que Ciência, a Química tem muito de "ofício e arte".

A criatividade é outro ponto muito importante na Química, pois é o elo que faz da Química, um misto de arte e ciência. Como definir criatividade sem falar em intuição ou percepção? De fato, além de ser o ponto em comum entre a arte e a ciência, a criatividade também é o diferencial que caracteriza os grandes cientistas. Muitas vezes, a ideia básica que gerou a teoria, teve origem na simples imaginação. Kekulé (Figura 1.2), por exemplo, concebeu a estrutura cíclica do benzeno, em 1865, durante um cochilo, enquanto trabalhava em seu livro de Química. No sonho, apareciam átomos enfileirados como serpentes agitadas. Uma das serpentes parecia abocanhar sua própria cauda, formando um anel, lembrando a imagem do ouroboros da alquimia (símbolo da eternidade). O arranjo de átomos, formando um

Figura 1.2
Friedrich August Kekulé, nascido em Darmstadt (1829), foi professor da Universidade de Gant, e considerado um dos fundadores da Química Orgânica. Em 1858, postulou que o carbono é tetravalente, e propôs uma estrutura cíclica para o benzeno, inspirado na figura de ouroboros com que havia sonhado. Deixou uma frase famosa: *vamos aprender a sonhar, talvez assim encontremos a verdade...* Morreu em 1896.

anel, era a ideia que Kekulé estava buscando para explicar a estrutura do benzeno.

Outras vezes, desvendar o segredo oculto nos fatos é fortuito, ou, pelo menos, quase. A criatividade aliada à sorte pode ser o segredo de grandes descobertas, como acreditam muitos cientistas bem-sucedidos. Esse fato é conhecido como *serendipity*. Afinal, a sorte existe mesmo para todos, ou favorece apenas àqueles que nela acreditam?

O cientista, utilizando os conhecimentos acumulados, é capaz de produzir novos fatos, e, dessa forma, desvendar fenômenos, formular e modificar teorias. Nesse sentido, a criatividade exige observação, conhecimento e imaginação. Para o químico, a síntese ou descoberta de uma nova substância representa um momento de glória. A realização experimentada na criação de um novo produto, após percorrer trajetórias desconhecidas ou inesperadas, não é diferente daquela sentida pelo artista, diante de sua obra, ou do compositor, ao completar sua sinfonia. Entretanto, como cientista, o químico, terá de comprovar a sua descoberta, descrevendo todas as etapas utilizadas, de modo a permitir sua reprodução. Além disso, terá de provar a composição ou estrutura do composto, tarefa muito facilitada atualmente, graças à existência de métodos instrumentais cada vez mais sofisticados e possantes.

À medida que o mundo evolui, cresce a necessidade por novos compostos e métodos mais adequados de síntese, análise e processamento de materiais. Além da redução de custos, a indústria tem perseguido o aumento da qualidade e a minimização dos efeitos sobre o meio ambiente. Hoje, o número de trabalhos científicos vem crescendo verticalmente em uma escala de centenas de milhões. Desde 1900, a produção do primeiro milhão de trabalhos catalogados no *Chemical Abstracts* levou 31 anos. O segundo milhão levou 18 anos. Na atualidade, isso já é possível em menos de um ano. Dada a nossa capacidade limitada, diante da expansão vertiginosa do número de compostos e de trabalhos científicos, parece uma atitude insensata querer estudar Química! Felizmente, mesmo com tudo isso, nossa capacidade de trabalhar com a ciência não foi comprometida. De fato, as leis fundamentais continuam válidas, pelo menos no seu devido contexto. Entretanto, novas leis poderão aparecer. Por meio delas poderemos continuar raciocinando e aprendendo a criar novos modelos capazes de lidar com novas descobertas. Parafraseando Rheinboldt, para sobreviver à avalanche de informações a que sempre estaremos sujeitos, *teremos de aprender a pensar quimicamente!*

A Química tem sido um componente importante da tecnologia moderna, em todas as áreas; contudo não devemos esquecer que, do descobrimento científico até as aplicações práticas, existe um longo caminho a ser percorrido. Por exemplo, o processo fotográfico foi concebido em 1782 e só foi colocado em prática em 1838, após 56 anos de incubação. A reprodução xerográfica de imagens foi descoberta em 1935, porém viabilizada apenas em 1950. Os primeiros antibióticos foram descobertos em 1910, mas só se tornaram úteis em 1940.

Muitas vezes, a percepção da aplicabilidade de um invento está diretamente relacionada com a época e as necessidades do momento. O composto conhecido como *cis*platina já havia sido descrito havia mais de um século, contudo somente em 1964 foi verificada sua atividade anticancerígena, permitindo sua utilização na quimioterapia, a partir de 1972. Sendo assim, muitos dos compostos químicos considerados de interesse acadêmico na atualidade, poderão ser estratégicos no futuro, em função do próprio desenvolvimento científico-tecnológico. É nesse sentido que a Química, como ciência, tem de ser cultivada, em benefício dos interesses tecnológicos e da humanidade.

A questão das unidades e da nomenclatura

Na Química, o uso das grandezas experimentais e da nomenclatura é regulamentado pela IUPAC (acrônimo, em inglês, de *International Union of Pure and Applied Chemistry*). A IUPAC é uma organização internacional que, entre outras responsabilidades, vem cuidando da uniformização da linguagem química, gerando diretrizes a serem adaptadas em diversos idiomas pelos diferentes países. Na realidade, a questão da linguagem científica é um problema muito complexo e dinâmico, com muitas peculiaridades provenientes das raízes culturais e da tradição. Por isso, algumas formas tradicionais ou populares de lidar com essa questão ainda continuam em uso, coexistindo com as recomendações oficiais, até que acabem predominando com o tempo.

Atualmente, o sistema internacionalmente aceito para expressar as unidades das medidas é conhecido como SI (Sistema Internacional), e é baseado no sistema métrico, tendo como base as unidades mostradas na Tabela 1.1. Contudo, nos países de língua inglesa, unidades como polegadas e libras ainda continuam sendo usadas, principalmente fora do ambiente científico.

Tabela 1.1 – Unidades físicas adotadas no Sistema Internacional (SI)

Grandeza	Símbolo	Nome	Unidade
Massa	m	quilograma	kg
Comprimento	l	metro	m
Tempo	t	segundo	s
Temperatura	T	Kelvin	K
Quantidade de substância	n	mol	mol
Corrente elétrica	i	Ampere	A

A temperatura é normalmente expressa em graus Celsius, °C, com uma escala graduada ou centígrada, com base nos pontos de fusão e de ebulição da água em condições normais. Entretanto, na linguagem científica é conveniente o uso da temperatura expressa em uma escala absoluta, conhecida como Kelvin (K), desaparecendo a notação de grau. A conversão pode ser feita diretamente, considerando que a temperatura absoluta da fusão da água (gelo) é igual a 273,15 K. Assim,

$$T\ (K) = T\ (°C) + 273{,}15;\ \text{ou}$$

$$T/K = T/°C + 273{,}15 \qquad (1.1)$$

A representação das unidades separadas por (/), como na expressão anterior, vem sendo cada vez mais adotada internacionalmente, principalmente nas revistas científicas.

As grandezas podem ser precedidas por multiplicativos como apresentado na Tabela 1.2.

A quantificação das grandezas físicas deve ser feita por meio do sistema SI, como nos exemplos da Tabela 1.3.

Tabela 1.2 — Prefixos usados nos multiplicativos

Multiplicativo	10^{-15}	10^{-12}	10^{-9}	10^{-6}	10^{-3}	10^{-2}	10^{-1}	10^{3}	10^{6}	10^{9}	10^{12}
Nome	femto	pico	nano	micro	mili	centi	deci	quilo	mega	giga	tera
Abreviação	f	p	n	μ	m	c	d	k	M	G	T

Tabela 1.3 — Algumas grandezas físicas no sistema SI

Especificação	Unidade física	Símbolo	Sistema SI
Força	newton	N	kg m s^{-2}
Energia e trabalho	joule	J	kg m^2 s^2 ou N m
Pressão	pascal	Pa	N m^{-2}
Carga elétrica	coulomb	C	A s
Potencial elétrico	volt	V	kg m^2 s^{-3} A^{-1} ou J C^{-1}
Frequência	hertz	Hz	s^{-1}

A pressão é uma grandeza física que tem sido expressa em várias unidades além do pascal (Pa), adotado no sistema SI. A forma mais usual continua sendo a atmosfera (atm) que corresponde a 1,01325 × 10^5 Pa, ou 1,01325 bar. Uma atmosfera de pressão equivale a uma coluna de 760,0 mm de Hg, ou 10,33 m de H_2O. Também é frequente encontrar a pressão expressa em psi (*pound per square inch*), sendo 1 psi = 0,07 bar.

Outra unidade muito importante que expressa a quantidade de uma substância é o **mol**[1], que equivale a 6,022 × 10^{23} unidades de partículas (átomos ou moléculas), número este conhecido como constante de Avogadro. Por exemplo, um mol de H_2O expresso em gramas é igual a 18,01 g e representa sua massa molar. É nela que estão contidas 6,022 × 10^{23} moléculas de água. Da mesma forma, 36,02 g de água equivalem a 2 mol de H_2O.

A energia pode ser expressa em diversas unidades. Embora a forma recomendada seja o joule, frequentemente é expressa em unidades espectroscópicas, elétricas ou correlatas. A conversão pode ser feita de acordo com a Tabela 1.4.

Tabela 1.4 — Conversão de unidades de energia

	hartree	eV	cm^{-1}	kcal mol^{-1}	kJ mol^{-1}
hartree	1	27,2107	219.474,63	627,503	2.625,5
eV	0,0367502	1	8.065,73	23,060	96,486
cm^{-1}	4.556,33 × 10^{-6}	1,23981 × 10^{-4}	1	0,00285911	0,0119627
kcal mol^{-1}	0,00159362	0,0433634	349,757	1	4,18400
kJ mol^{-1}	0,00038088	0,01036410	83,593	0,239001	1

1 O uso do mol como unidade dispensa a designação de plural, tornando inadequadas expressões como "número de moles", da mesma forma como não se diz número de dúzias ou número de quilos.

CAPÍTULO 2

MATÉRIA E ENERGIA

Quando ainda não existia o tempo, ocorreu um evento, quebrando a singularidade reinante. De repente, de alguma forma, toda a matéria, energia, espaço e tempo se fez presente, como em uma grande explosão. Aconteceu o “Big Bang”. Os ecos desse momento ainda ressoam pelo universo. Do domínio da energia, em um infinitésimo de tempo, surgiram as partículas elementares que se condensaram em matéria, formando posteriormente as galáxias. Milhões de anos se passaram até então. Outros bilhões foram necessários para o surgimento da vida, pelo menos em nosso planeta. Essa é a visão simplificada da origem do universo, segundo a ciência moderna.

Figura 2.1
Big Bang, o início de tudo – uma visão pictórica da origem do universo no espaço e no tempo.

Assim, o universo, que pouco conhecemos tem 13,8 bilhões de anos e é constituído por **matéria** e **energia** inseridas no **espaço** e no **tempo**. A forma mais simples de se pensar a matéria é considerar que ela compõe tudo que encontramos ao nosso redor e que pode ser tocado ou pesado. A água, o ar, a terra, as plantas e os animais são formas de matéria. As **substâncias químicas** são espécies de matéria que podem ser diferenciadas com base em suas composições e propriedades características.

Entretanto, o que percebemos como matéria pode representar apenas uma pequena fração, algo como um décimo do que realmente existe. No Universo há outras formas de matéria e energia das quais ainda pouco sabemos. Trata-se da matéria escura ou negra, que parece formar cerca 90% de tudo que existe, mas não tem sido observada visualmente, pois não deixa escapar radiações. Contudo, sua existência é perceptível pelo efeito gravitacional que exerce sobre os corpos celestes. Ainda mais enigmática é a energia escura, que parece dominar o universo, provocando sua expansão acelerada desde o início do Big Bang. Mas as forças gravitacionais ainda não são bem compreendidas, e talvez a matéria e a energia escura venham a ter outras interpretações. Do que é composto o universo é assunto que preocupa os cosmologistas, cientistas que lidam com uma dimensão absolutamente imensa! Já os físicos de partículas, por outro lado, trabalham no outro extremo pesquisando uma dimensão absolutamente ínfima, para desvendar os constituintes elementares da matéria. Paradoxalmente, nesse mundo infinitesimal pode estar a resposta para explicar a matéria e energia cosmológica. O mesmo acontece com a Química. A explicação das coisas macroscópicas ao nosso redor e de nós mesmos está em uma dimensão tão pequena, que não é possível vê-las diretamente. Porém, sem esse conhecimento nanoscópico ou atômico, o mundo macroscópico não teria sentido. Assim, na exploração do mundo em que vivemos, às vezes somos mais parecidos com criaturas microscópicas habitando a cauda de um elefante, tentando desvendar a sua forma.

A quantidade de matéria em um corpo é expressa por sua **massa**. A unidade mais usada para massa é o grama, g. A energia tem um sentido mais abstrato; não é algo que possa ser tocado ou pesado, mas é possível senti-la em suas várias formas. Ela está diretamente envolvida com a transformação da matéria, manifestando-se geralmente sob a forma de **luz, calor ou eletricidade**. Sua expressão é feita em várias unidades, como joule (J), caloria (cal), elétron-volt (eV), além da unidades espectroscópicas relativas (s^{-1}, cm^{-1}). O joule é a unidade recomendada internacionalmente, embora o uso de calorias permaneça bastante comum.

O movimento de um corpo é uma manifestação de sua energia cinética, E_c, que é expressa por

$$E = \frac{1}{2}mv^2 \qquad (2.1)$$

onde, m é a massa e v é a velocidade com que o corpo está se deslocando. Quando aumentamos a velocidade, a energia cinética cresce. Da mesma forma, gastamos energia quando reduzimos a velocidade de um corpo em movimento.

Para deslocarmos um corpo em repouso de uma posição para outra (d), temos de aplicar uma força (f), e, portanto, usar energia. Isso corresponde à realização de um trabalho (w), dado pelo produto da força pelo deslocamento, ou

$$w = f\,d \qquad (2.2)$$

No universo, a matéria mantém-se unida por meio de forças. Os corpos celestes concentram enormes quantidades de matéria, que se atraem pelas forças gravitacionais, que são proporcionais ao produto das massas e variam inversamente com o quadrado das distâncias que os separam. Essa lei, enunciada por Isaac Newton, em 1687, rege o comportamento do universo macroscópico, bem como a atração gravitacional que a massa do nosso planeta exerce sobre os corpos. Essa atração é sentida como peso, $\boldsymbol{p}$, que é igual ao produto da massa pela aceleração da gravidade (g), isto é

$$p = m.g. \qquad (2.3)$$

Como g é uma constante, o peso é proporcional à massa do corpo, e na prática diária, ele acaba sendo confundido com a própria massa. Assim, apesar de errado, é comum dizer que uma substância pesa 10 g, em vez de, a massa da substância é 10 g.

Outra força importante que praticamente domina o comportamento químico da matéria tem origem eletromagnética. Na realidade é um conjunto de forças determinadas pela interação física entre cargas elétricas, que podem estar paradas (eletrostática) ou em movimento (eletrodinâmica). A presença de cargas elétricas é algo bem conhecido, como resultado da fricção de plásticos com tecidos, ou de um pente nos cabelos. As cargas elétricas podem ser positivas ou negativas, e geram um **campo elétrico** ao seu redor. Outra carga colocada nesse campo passa a ser atraída ou repelida, dependendo da condição de serem de sinais opostos ou iguais, com uma força f igual a

$$f = k\frac{q_1 q_2}{d^2} \tag{2.4}$$

onde, q_1 e q_2 são as cargas elétricas, d é a distância que as separa, e k é uma constante. Quando as cargas são dadas em coulombs (C), d em cm, a constante k fica igual a $9{,}0 \times 10^{11}$ J cm C^{-2} (J = joule).

A energia eletrostática equivale ao trabalho w de aproximar ou separar duas cargas, ou seja $E = w = f\,d$. Portanto,

$$E = k\frac{q_1 q_2}{d} \tag{2.5}$$

Um campo elétrico uniforme (E) pode ser gerado usando-se duas placas paralelas, com cargas opostas. Uma partícula com carga q, colocada nesse campo sofrerá a ação de uma força igual a

$$f = q\,E \tag{2.6}$$

Por outro lado, uma carga elétrica em movimento gera um **campo magnético** (***H***) orientado na direção perpendicular à trajetória. Essa orientação produz um polo magnético. Um segundo polo magnético colocado em um campo magnético já existente, sofrerá forças de atração ou repulsão, dependendo de serem diferentes ou iguais, respectivamente. A intensidade do campo magnético é expressa em Oersted ou, convencionalmente, em Gauss. As forças produzidas são usadas nos motores elétricos e nos imãs.

Da mesma forma, um campo magnético se deslocando ao redor de um condutor elétrico induzirá uma diferença de potencial ao longo desse condutor. Se um fio metálico atravessar o campo magnético, ou se um imã se deslocar sobre um fio metálico, irá gerar uma corrente elétrica. Esse é o princípio dos geradores elétricos (dínamos). Se um imã for colocado próximo ao caminho de partículas elétricas (q) em movimento (com velocidade v), elas serão desviadas pelo campo magnético H, por uma força igual a

$$f = H\,q\,v \tag{2.7}$$

Mediante o ajuste das forças elétricas e magnéticas, é possível interferir na direção de propagação de um feixe de partículas elétricas, e controlar o seu movimento. Esse recurso foi fundamental para o desenvolvimento da ciência, desde a elucidação dos constituintes de matéria, até o estabelecimento de técnicas analíticas como a espectrometria de massas.

Além das forças gravitacional e eletromagnética, existem dois tipos de forças a serem mencionadas. Elas atuam em nível das partículas elementares, e são conhecidas como forças nucleares fracas e fortes (ver Capítulo 8). Suas leis ainda estão sendo descobertas e, paradoxalmente, apesar de serem dominantes no universo, praticamente não têm relevância no mundo químico em que vivemos. Uma teoria unificadora, capaz de lidar com todas as forças, é ainda o grande sonho dos cientistas.

Luz

A luz se manifesta sob a forma de uma radiação eletromagnética conduzida por fótons, que se propagam com velocidade de 2,9979 × 10^8 m s^{-1} (praticamente, 300 milhões de metros por segundo), e pode ser descrita como ondas associadas a campos elétricos e magnéticos oscilantes, perpendiculares entre si. Esse comportamento é intrínseco, pois o fóton, mesmo não tendo cargas elétricas, é capaz de interagir com essas cargas por meio dos campos oscilantes, gerando fenômenos fundamentais para a compreensão da matéria. Um deles é a cor. Como todo movimento

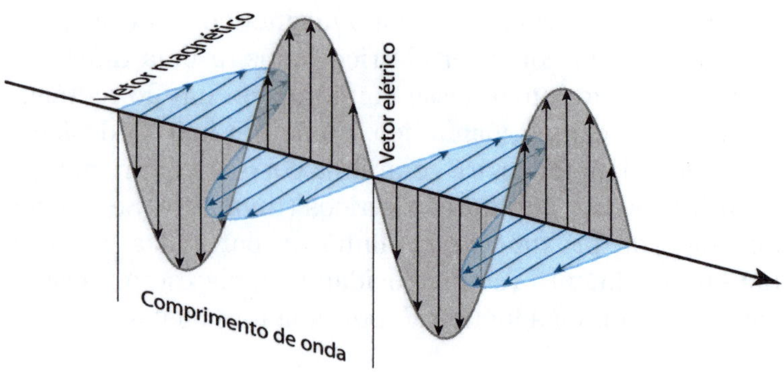

Figura 2.2
Representação de uma onda eletromagnética, com os componentes de campo elétrico e magnético oscilantes, em direções perpendiculares. Cada oscilação se completa após um percurso equivalente a um comprimento de onda (λ). As setas indicam a amplitude da onda.

ondulatório, a amplitude das oscilações passa por máximos e mínimos repetitivos. Assim, podemos atribuir um **comprimento de onda**, λ, que representa um ciclo completo com um máximo e um mínimo, e uma **frequência**, ν, igual ao número de ciclos por unidade de tempo (Figura 2.2), de tal forma que

$$\lambda = c\frac{1}{\nu} \qquad (2.8)$$

e

$$\nu = c\frac{1}{\lambda} = c \cdot \bar{\nu} \qquad (2.9)$$

em que $\bar{\nu}$ é denominado **número de onda** e é igual a $1/\lambda$ ou λ^{-1}. Normalmente, o comprimento de onda λ é expresso em nanômetro, nm (1 nm = 10^{-9} m). A frequência ν é expressa em ciclos por segundo, ou Hertz (Hz) ou simplesmente em s^{-1}, enquanto o número de onda é expresso em cm^{-1}.

As radiações eletromagnéticas abrangem uma faixa muito grande de frequências, e são classificadas como raios γ, raios X, ultravioleta (UV), visível, infravermelho (IV), micro-ondas e ondas de rádio (Figura 2.3). Cada tipo de radiação interage de forma diferente com a matéria, como será visto mais adiante, e encontra aplicações no nosso cotidiano, tanto na indústria como na medicina. A luz visível corresponde a uma faixa muito estreita do espectro eletromagnético, capaz de impressionar a nossa retina e transmitir a sensação das cores, conforme descrito na Tabela 2.1.

Todo corpo, quando aquecido, emite radiação eletromagnética. À medida que a temperatura do corpo se ele-

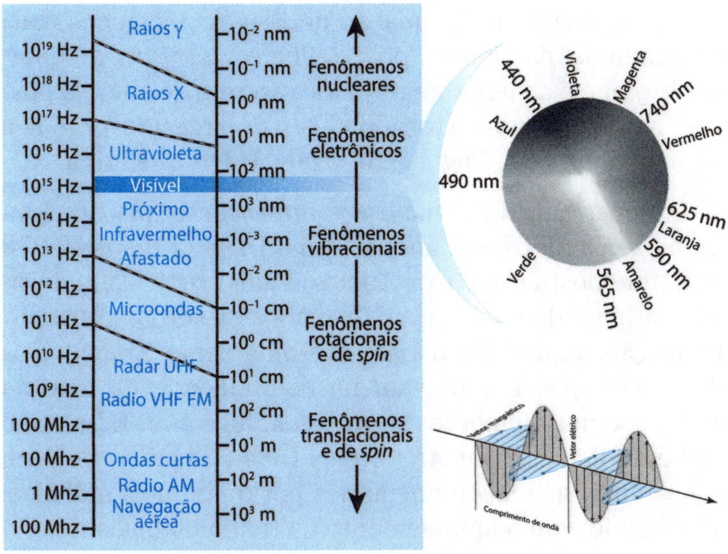

Figura 2.3
Espectro eletromagnético - frequências (Hz ou ciclos/s) e comprimentos de onda das várias faixas espectrais, incluindo o espectro de cores do visível e os fenômenos aos quais estão associados.

va, a frequência da radiação emitida também aumenta. Por exemplo, um filamento metálico aquecido a 1.000 K emite principalmente radiação infravermelha, enquanto, acima de 3.000 K, o máximo de emissão se desloca para a região do visível. Para explicar a emissão de radiação eletromagnética pelos corpos, Max Planck postulou, em 1900, que a energia era absorvida e emitida em valores múltiplos de uma quantidade mínima, expressa pelo produto

$$E = h\nu \qquad (2.10)$$

onde, h passou a ser conhecido como **constante de Planck**, com o valor 6,626 × 10^{-34} J s. A energia pode ser igual a

Tabela 2.1 — Cores e comprimentos de onda da luz visível

Cor	Comprimento de onda/nm
Vermelho	740 - 625
Laranja	625 - 590
Amarelo	590 - 565
Verde	565 - 490
Azul	490 - 440
Violeta	440 - 390

1, 2, 3, .n vezes $h\nu$. A equação de Planck é uma das mais fundamentais na ciência, pois define o *quantum* de energia ($h\nu$) que é a menor quantidade discreta de energia possível. Essa constatação tornou necessário reescrever toda a física em uma nova linguagem, a **mecânica quântica**.

A constituição da matéria é um assunto que nos leva aos filósofos da Grécia antiga, como Demócritus (460-370 a.C.), que postulava a existência de uma partícula indivisível, o átomo, da qual seriam formados os corpos. Em contraposição, também existiam filósofos como Empédocles (450 a.C.) que acreditavam na continuidade da matéria pela união dos elementos terra, água, fogo e ar. Essa visão também foi aceita por Aristóteles (384-323 a.C.). De fato, a questão permaneceu dogmática por quase dois milênios, culminando com o aparecimento da teoria do flogisto.

Em 1667 o alquimista e médico Johann Joachim Becher propôs a substituição dos elementos ar e fogo por três tipos de terra: terralapidea, terra fluida e terra pinguis. Este último elemento foi associado à propriedade da queima, ou combustão, sendo liberado durante o processo. Em 1703, George Ernst Stahl, professor de medicina da Universidade de Halle (Alemanha), formalizou a proposta de Becher criando a **Teoria do Flogisto** (do grego *phlŏgistón* = a essência do fogo ou da queima). De acordo com essa teoria, todos os materiais inflamáveis conteriam flogisto, uma substância sem cor, cheiro, sabor ou massa, que seria liberada durante a queima. Após sua saída, fica a essência do material sob a forma de um resíduo desflogistizado, o *calx* (cinza). Substâncias que queimam no ar seriam ricas em flogisto; contudo, o próprio ar teria uma capacidade limitada de absorver o flogisto, visto que a combustão cessa espontaneamente em ambiente fechado.

Essa teoria predominou na Ciência até quase o final do século, quando **Lavoisier** (Figura 2.4) em plena Revolução Francesa, formulou o que conhecemos atualmente como **Lei da Conservação da Matéria**:

> ***Quando a matéria se transforma, a massa total permanece constante.***

Figura 2.4
Antoine Laurent de Lavoisier nasceu em 1743 e completou sua educação em 1761, quando passou a se interessar pela ciência. Sua condição privilegiada lhe permitia financiar seus próprios projetos científicos, ingressando na Academia Real de Ciências em 1768. Nesse ano, tornou-se sócio da Ferme Générale, empresa responsável pela arrecadação de impostos. Foi nomeado, em 1775, para gerenciador do Arsenal da França, atividade na qual contribuiu para a melhoria da produção de pólvora e fertilizantes. Derrubou a teoria do flogisto ao demonstrar que tanto a combustão como a respiração requerem oxigênio. Em 1789, publicou o *Traité Elementaire de Chimie*, considerado o primeiro livro de química moderna, no qual as reações são apresentadas sob a forma de equações, já levando em conta a conservação da massa. Juntamente com seus colegas da instituição, foi injustamente acusado de traição pelos revolucionários de 1794 (Revolução Francesa) e condenado à guilhotina. Sua proposta de conservação da matéria é mais conhecida na versão popular: "***na natureza nada se cria, nada se perde; tudo se transforma***".

Outros químicos, como o russo M. Lomonosov já haviam chegado à mesma conclusão. Com Lavoisier, contudo, o estudo das transformações da matéria adquiriu um sentido quantitativo, permitindo avanços importantes na determinação da composição e das propriedades das substâncias. Sendo assim, foi possível estabelecer que as substâncias são formadas pela combinação de elementos químicos. As transformações que levam a mudanças na composição das substâncias são conhecidas como **reações químicas**. As espécies que participam da reação são conhecidas como **reagentes**, e as que se formam levam o nome de **produtos**. Sob o ponto de vista químico, a lei da conservação da matéria implica que a massa dos reagentes consumidos em uma reação química deve ser igual à massa dos produtos formados.

Muitas transformações não modificam a composição das substâncias, e são denominadas **transformações físicas**. É o caso da mudança de estado físico, como a transformação do gelo em água líquida e depois em vapor. Entretanto, algumas transformações são difíceis de serem classificadas, por aparentarem mudanças físicas na escala macroscópica, porém revelando alterações químicas quando examinadas sob o ponto de vista nanoscópico. Um exemplo disso é a simples dissolução de um sal em água. A remoção da água permite regenerar o sal, como se fosse um fenômeno físico;

entretanto as características químicas do sal dissolvido são muito distintas daquelas encontradas no composto sólido.

Quando uma substância é constituída por um único elemento químico, é classificada como **substância simples**, ou elementar, como é o caso do mercúrio (Hg) e do oxigênio (O_2). Quando é formada por mais de um elemento, é classificada como **substância composta**, ou simplesmente, **composto**. O óxido de mercúrio, HgO, é um exemplo típico de substância composta. Quando aquecida, essa substância se decompõe em seus constituintes elementares:

$$HgO \xrightarrow[\Delta]{} \frac{1}{2}O_2 + Hg \tag{2.11}$$

Foi dessa forma que o elemento oxigênio foi isolado em forma pura por J. Priestley, em 1774, embora sem saber que se tratava de um elemento.

A representação da composição das substâncias é realizada por meio **de fórmulas químicas**, como HgO, que expressam a participação relativa dos elementos químicos presentes. Os elementos são representados por símbolos, com uma ou duas letras, extraídas dos nomes correspondentes. Os principais elementos químicos conhecidos estão relacionados na Tabela 2.2, juntamente com seus nomes, símbolos e origens.

Tabela 2.2 — Elementos químicos – símbolos, origens e características

Z	Elemento e símbolo		Origem e características
1	Hidrogênio	H	Descoberto em 1766 por H. Cavendish, seu nome significa gerador (*gen*) de água (*hydor*). É o elemento mais abundante no universo e o principal constituinte do sol e de outras estrelas.
2	Hélio	He	O nome deriva de *helios* (sol), e foi descoberto em 1868. É usado em criogenia e em balões de flutuação.
3	Lítio	Li	Descoberto em 1817, constitui o metal mais leve conhecido. Seu nome deriva de *lithos* (pedra). O íon é usado em cerâmicas, ligas, baterias e na medicina; na forma de sal, como agente antidepressivo.

(*continua*)

Tabela 2.2 — Elementos químicos - símbolos, origens e características (*continuação*)

Z	Elemento e símbolo		Origem e características
5	Boro	B	Descoberto em 1808, no mineral bórax, seus óxidos e ânions são usados na fabricação de vidros com baixa expansão térmica.
6	Carbono	C	Conhecido desde a pré-história, seu nome provém de *carbo* ou carvão. Suas variedades mais comuns são a grafite e o diamante. Recentemente, foram descobertas novas variedades, conhecidas como fullerenos, nanotubos de carbono e grafenos.
7	Nitrogênio	N	Descoberto em 1772, seu nome deriva de *nitron + gen*, ou gerador de nitrato. Constitui 78% do ar atmosférico e participa da composição da amônia, ácido nítrico e explosivos.
8	Oxigênio	O	Seu nome deriva de *oxys + gen*, ou gerador de ácido, e foi descoberto em 1774. Constitui 21% da atmosfera.
9	Flúor	F	Descoberto em 1771, seu nome deriva de *fluo* (fluxo). É extremamente reativo. Entra na fabricação de polímeros e de compostos fluorocarbonos.
10	Neônio	Ne	É um gás usado em tubos de iluminação. Foi descoberto em 1898. Seu nome deriva de *neos*, ou novo.
11	Sódio	Na	Descoberto em 1807, seu nome deriva de soda. O símbolo provém do nome latino, *natrium*. É um metal bastante reativo, presente em nossa vida doméstica sob a forma de cloreto de sódio (sal de cozinha).
12	Magnésio	Mg	Foi descoberto em 1775, em um local conhecido como *magnésia*. Tem papel essencial nos processos bioquímicos e também é usado na fabricação de ligas.
13	Alumínio	Aℓ	Descoberto em 1827, seu nome provém de *alumen*. É um metal muito importante, usado na fabricação de utensílios domésticos e na indústria de construção.
14	Silício	Si	Foi descoberto em 1823, e seu nome deriva de *silex*, ou sílica. É o principal constituinte da areia e entra na fabricação do vidro e do cimento. É usado em dispositivos microeletrônicos.

(*continua*)

Tabela 2.2 — Elementos químicos – símbolos, origens e características (*continuação*)

Z	Elemento e símbolo		Origem e características
16	Enxofre	S	Conhecido desde a antiguidade, seu nome deriva de *sulphur*. Seu produto mais importante é o ácido sulfúrico.
17	Cloro	Cℓ	Descoberto em 1774, seu nome provém de *chloros* (amarelado). Seu derivado mais conhecido é o cloreto de sódio.
18	Argônio	Ar	É o gás nobre mais abundante e é bastante usado na produção de atmosfera inerte. Descoberto em 1894, seu nome vem de *argon* (inativo).
19	Potássio	K	Descoberto em 1807, seu nome deriva de *potash* (carbonato de potássio), conhecido desde a antiguidade. O símbolo provém do nome latino *kalium*.
20	Cálcio	Ca	Seu íon constitui um elemento importante dos ossos e é essencial para o funcionamento da célula. Foi descoberto em 1808 no *calx* (óxido de cálcio).
21	Escândio	Sc	Descoberto em 1879 na Escandinávia, é um metal bastante leve e de alto ponto de fusão.
22	Titânio	Ti	Seu nome deriva de *Titans* (da mitologia grega), e foi descoberto em 1791. É um metal leve, usado em aeronaves. Forma o dióxido de titânio, um importante pigmento branco usado em tintas.
23	Vanádio	V	Descoberto em 1830, seu nome provém de *Vanadis* (deusa escandinava). É um importante componente do aço.
24	Crômio	Cr	Descoberto em 1797, seu nome deriva de *chroma* (cor). É um componente importante de ligas. Seus compostos são intensamente coloridos. Está presente no rubi.
25	Manganês	Mn	Seu minério foi confundido com a magnetita, da qual deriva o nome *magnes*. Foi descoberto em 1774. É um componente importante do aço e participa de muitas enzimas.
26	Ferro	Fe	O símbolo provém do nome latino *ferrum*, conhecido desde a pré-história. É o metal mais importante na construção civil e de máquinas. Faz parte de um grande número de enzimas e é responsável pelo transporte de oxigênio no organismo.

(*continua*)

Tabela 2.2 — Elementos químicos - símbolos, origens e características (*continuação*)			
Z	**Elemento e símbolo**		**Origem e características**
28	Níquel	Ni	Seu nome provém de *kupfernickel* (cobre falso), e foi descoberto em 1751. É um metal duro, usado em revestimento de superfícies metálicas.
29	Cobre	Cu	Conhecido desde a antiguidade, seu nome deriva de *cuprum*. É um excelente condutor de eletricidade e entra na fabricação de muitas ligas com ouro, prata, zinco e estanho.
30	Zinco	Zn	Conhecido desde o século XVI, seu nome vem de *zin* (nome dado ao estanho em alemão). É usado em revestimentos e em ligas metálicas.
31	Gálio	Ga	Descoberto em 1875, seu nome deriva de *Gallia* (nome antigo da França). É um metal de baixo ponto de fusão, muito importante na eletrônica.
32	Germânio	Ge	Seu nome deriva de Germânia (Alemanha), e foi descoberto em 1886. É muito usado na eletrônica.
33	Arsênio	As	É conhecido desde 1250, e seu nome vem de *arsenikos* (masculino). É um não metal, com características tóxicas.
34	Selênio	Se	É um elemento com propriedades fotocondutoras, usado em fotocopiadoras. Descoberto em 1817, seu nome deriva de *selene* (lua).
35	Bromo	Br	O elemento constitui um líquido vermelho, fumegante. Foi descoberto em 1826, e seu nome deriva de *bromos* (fétido). É usado na fabricação de compostos retardantes de chama.
36	Kriptônio	Kr	É um gás nobre descoberto em 1898. Seu nome deriva de *kriptos* (escondido).
37	Rubídio	Rb	É um elemento metálico que, vaporizado sobre uma chama, lhe confere coloração vermelha ou *rubidus*, de onde deriva o nome. Foi descoberto em 1861.
38	Estrôncio	Sr	Seu nome deriva de *Strontian* (Escócia). Foi descoberto em 1790.

(*continua*)

Tabela 2.2 – Elementos químicos – símbolos, origens e características (*continuação*)

Z	Elemento e símbolo		Origem e características
39	Ítrio	Y	Descoberto em 1794, seu nome deriva de *Ytterby*, uma cidade da Suécia.
40	Zircônio	Zr	É um metal estratégico em reatores nucleares e em aeronaves. Seu nome vem do *zircão*, que é uma pedra semipreciosa. Foi descoberto em 1789.
41	Nióbio	Nb	Seu nome deriva de *Niobe* (filha de *Tantalus*, um rei da mitologia grega). Foi descoberto em 1801, e é usado em reatores atômicos, máquinas e supercondutores.
42	Molibdênio	Mo	Descoberto em 1778, seu minério era denominado *Molybdos*. É um metal de alto ponto de fusão, muito importante na fabricação de armas, filamentos e peças refratárias.
43	Tecnécio	Tc	Foi o primeiro elemento produzido artificialmente em 1937. Seu nome deriva de *technos* (artificial).
44	Rutênio	Ru	É um metal duro e quebradiço, descoberto em 1844. Seu nome deriva de *Ruthenia* (que significa Rússia, em latim).
45	Ródio	Rh	Seu nome vem de *rhodon* (rosa), pois alguns sais apresentam coloração rósea. É um dos elementos metálicos mais importantes em catálise.
46	Paládio	Pd	É um metal resistente à corrosão, usado em revestimentos de peças, instrumentos cirúrgicos e em catálise. Foi descoberto em 1803 por Wollaston. Seu nome é inspirado na estátua de Palas (Palladion), deusa da guerra, também conhecida como Minerva.
47	Prata	Ag	Seu nome latino é *Argentum*, do qual deriva o símbolo Ag. É o metal de melhor condutividade elétrica e térmica.
48	Cádmio	Cd	Descoberto em 1817, seu nome deriva de *kadmia* (Terra). É usado em baterias (Ni-Cd) e em ligas moderadoras em reatores nucleares.
49	Índio	In	É um metal usado na eletrônica e em ligas. Foi descoberto em 1863. Quando colocado sobre uma chama, produz uma luz azulada (índigo-blue), que dá origem a seu nome.
50	Estanho	Sn	Conhecido desde a pré-história, o símbolo tem origem em *stannum*. É um metal resistente à corrosão química, sendo usado em revestimentos e na fabricação de latas.

(*continua*)

Tabela 2.2 — Elementos químicos - símbolos, origens e características (*continuação*)

Z	Elemento e símbolo		Origem e características
51	Antimônio	Sb	O nome deriva de *antimonos,* e o símbolo vem de *stibium.* É usado em ligas, principalmente com chumbo, nas baterias.
52	Telúrio	Te	Foi descoberto em 1782, e seu nome deriva de *tellus* (Terra).
53	Iodo	I	O nome deriva de *iodes*, designativo em grego da cor violeta. É um sólido negro-azulado, que se converte em vapores violeta quando aquecido. Foi descoberto em 1811. Tem papel importante no funcionamento da tireoide.
54	Xenônio	Xe	Descoberto em 1898, seu nome provém de *xénos* (estrangeiro). É um gás usado em lâmpadas especiais, para uso em equipamentos científicos e em fotografia.
55	Césio	Cs	É um metal bastante reativo, que funde a 28 °C. Foi descoberto em 1860. O nome provém de *caesium* (esverdeado), em razão das cores de suas principais raias espectroscópicas.
56	Bário	Ba	Seu nome vem de *barys* (pesado). Foi descoberto em 1808.
57	Lantânio	La	Descoberto em 1839, é um metal bastante reativo. Seu nome deriva de *lanthanein*.
58	Cério	Ce	Constitui o elemento mais abundante do grupo das terras raras. Foi descoberto em 1803, e seu nome foi inspirado no nome do asteroide *Ceres*.
59	Praseodímio	Pr	Seu nome vem de *prasios* (verde) + *didymos* (gêmeo). Foi descoberto em 1885, junto com o outro elemento gêmeo, o neodímio.
60	Neodímio	Nd	Foi descoberto em 1885. Seu nome vem de *neos* (novo) + *didymos* (gêmeo).
61	Promécio	Pm	É um elemento obtido artificialmente, por meio de reações nucleares. Foi descoberto em 1947, e seu nome foi inspirado em *Prometheus*.
62	Samário	Sm	O nome deriva do mineral *samarskita,* e foi descoberto em 1879.
63	Európio	Eu	O metal foi descoberto em 1896, e seu nome provém de Europa. Forma compostos luminescentes, usados em televisão.
64	Gadolínio	Gd	O nome deriva do mineral *gadolinita,* e foi descoberto em 1880.

(*continua*)

Tabela 2.2 – Elementos químicos – símbolos, origens e características (*continuação*)

Z	Elemento e símbolo		Origem e características
65	Térbio	Tb	Descoberto em 1843, seu nome deriva de *Ytterby*, uma cidade na Suécia.
66	Disprósio	Dv	O elemento foi descoberto em 1886, e seu nome vem de *dysprositos.*
67	Holmio	Ho	O nome deriva de *Holmia* (nome latino de Estocolmo), e foi descoberto em 1879.
68	Érbio	Er	Descoberto em 1843, seu nome está relacionado com a cidade de *Ytterby* (Suécia).
69	Túlio	Tm	Foi descoberto em 1879, e seu nome vem de *Thule* (país nórdico).
70	Itérbio	Yb	O nome vem de *Ytterby*, cidade na Suécia. Foi descoberto em 1907.
71	Lutécio	Lu	Descoberto em 1907, o nome provém de *Lutetia* (nome antigo de Paris).
72	Háfnio	Hf	É um metal importante, usado em reatores nucleares. Foi descoberto em 1923, e seu nome deriva de *Hafnia* (nome latino de Copenhague).
73	Tântalo	Ta	É um metal extremamente resistente à corrosão, e tem aplicações importantes na biomedicina. Descoberto em 1802, seu nome foi inspirado no rei *Tantalus,* da mitologia grega.
74	Tungstênio	W	Seu nome vem do sueco *tungsten* (pedra pesada), e foi descoberto em 1783. É o metal de maior ponto de fusão, usado em filamentos de lâmpadas.
75	Rênio	Re	Descoberto em 1925, seu nome deriva de *Rhine*, região do Reno, na Alemanha.
76	Ósmio	Os	É um metal de odor pungente, e seu nome vem de *osme* (odor). Descoberto em 1804, apresenta a maior densidade entre os metais.
77	Irídio	Ir	É um metal bastante duro, e seu nome deriva de *íris* (arco-íris) em razão das cores características de seus sais.
78	Platina	Pt	Descoberto no século XVI, seu nome deriva de platina (prata pequena). É um metal nobre, usado em joalheria e catalisadores.

(*continua*)

Tabela 2.2 – Elementos químicos – símbolos, origens e características (*continuação*)

Z	Elemento e símbolo		Origem e características
79	Ouro	Au	Conhecido desde a pré-história, é o metal mais maleável conhecido, e o preferido na fabricação de joias. O símbolo deriva do latim, *aurum*.
80	Mercúrio	Hg	É um metal líquido, conhecido desde a pré-história. Seu nome é inspirado no do planeta mercúrio. O símbolo vem de *hydrargyrum* (prata líquida).
81	Tálio	Tℓ	Descoberto em 1861, seu nome deriva de *thallos* (a luz emitida é esverdeada, e produz uma raia espectral forte que lembra um talo).
82	Chumbo	Pb	O nome deriva de *plumbum*, conhecido desde a pré-história.
83	Bismuto	Bi	Foi descoberto em 1450, e seu nome vem de *Wissmuth*, em alemão, massa branca. Forma ligas de baixo ponto de fusão, usadas em soldas e dispositivos contra incêndios.
84	Polônio	Po	É um elemento radioativo natural, descoberto em 1898 pelo casal Curie. O nome é uma homenagem à Polônia.
85	Astato	At	A instabilidade desse elemento, descoberto em 1940, sugeriu o nome *astatos* (instável). Seu tempo de meia-vida é de 8,3 horas.
86	Radônio	Rn	O nome deriva de *radium*, elemento do qual se origina. Foi descoberto em 1900 e é radioativo.
87	Frâncio	Fr	Descoberto em 1939, é um produto do decaimento radioativo do actínio. Seu nome é uma homenagem à França.
88	Rádio	Ra	O elemento emite radiação (*radius*), e foi descoberto em 1898 pelo casal Curie.
89	Actínio	Ac	O elemento foi descoberto em 1899, e tem um tempo de meia-vida de 22 anos. Seu nome vem de *aktinos* (raio).
90	Tório	Th	Descoberto em 1828, seu nome é inspirado em *Thor* (deus escandinavo da guerra). É usado em reatores na produção de urânio.
91	Protactínio	Pa	O metal é semelhante ao actínio, que dá origem a seu nome, precedido de *protos* (primeiro).
92	Urânio	U	Descoberto em 1789, seu nome é inspirado no do planeta Urano. É o elemento natural de maior massa conhecida, emite radiação e tem um tempo de meia-vida de 4,5 bilhões de anos.

(*continua*)

Tabela 2.2 – Elementos químicos – símbolos, origens e características (*continuação*)

Z	Elemento e símbolo		Origem e características
93	Netúnio	Np	O nome foi inspirado no do planeta Netuno, e foi descoberto em 1940.
94	Plutônio	Pu	Descoberto em 1940, seu nome foi inspirado no do planeta Plutão.
95	Americío	Am	Descoberto em 1944, seu nome é dedicado à América.
96	Cúrio	Cm	O nome homenageia o casal Curie. Foi descoberto em 1944.
97	Berkélio	Bk	Descoberto em 1949, seu nome homenageia a Universidade da Califórnia, em Berkeley, onde foi descoberto.
98	Califórnio	Cf	Foi descoberto em 1950, e seu nome é uma homenagem à Universidade da Califórnia.
99	Einstênio	Es	Descoberto em 1952, seu nome é uma homenagem a Albert Einstein.
100	Férmium	Fm	Descoberto em 1953, seu nome é uma homenagem a Enrico Fermi.
101	Mendelévio	Md	Descoberto em 1958, seu nome é uma homenagem a Dimitri Mendeleev.
102	Nobélio	No	Descoberto em 1966, seu nome é uma homenagem a Alfred Nobel.
103	Laurêncio	Lr	Descoberto em 1971, seu nome é uma homenagem a Ernest Lawrence.
104	Rutherfór-dio	Rf	Descoberto em 1969, seu nome é uma homenagem a Ernest Rutherford.
105	Dúbnio	Db	Descoberto em 1970, seu nome é dedicado à cidade de Dubna (Rússia).
106	Seabórgio	Sg	Descoberto em 1974, seu nome é uma homenagem a Glenn Seaborg.
107	Bóhrio	Bh	Descoberto em 1981, seu nome é uma homenagem a Niels Bohr.
108	Hássio	Hs	Descoberto em 1984, seu nome é dedicado à região antigamente conhecida como Hessen, onde se localiza a cidade de Darmstadt (Alemanha).
109	Meitnério	Mt	Descoberto em 1982, seu nome é homenagem a Lise Meitner.

(*continua*)

Tabela 2.2 – Elementos químicos – símbolos, origens e características (*continuação*)

Z	Elemento e símbolo		Origem e características
110	Darmstádio	Ds	Descoberto em 1995, seu nome homenageia a cidade de Darmstadt, na Alemanha, onde foi descoberto.
111	Roentgênio	Rg	Descoberto em 1995, seu nome é homenagem a W. C. Röntgen (Alemanha).
112	Copernício	Cn	Foi descoberto em 1996, em Darmstadt (Alemanha), quando uma folha de chumbo foi bombardeada com íons de zinco. Seu nome homenageia o astrônomo Nicolau Copérnico (1473-1543).
113	Nihônio	Nh	Descoberto pelos laboratórios da Riken, no Japão, sua existência foi oficializada pela IUPAC em 2015. O nome homenageia seu país de origem (Nihon, Japão).
114	Fleróvio	Fℓ	Oficializado pela IUPAC em 2012, o elemento foi descoberto pelos laboratórios de pesquisa nuclear de Dubna (Rússia) e de Lawrence Livermore (Estados Unidos). O nome homenageia o físico russo Georgi Nikolaievitch Flerov (1913-1990), descobridor da fissão espontânea do urânio.
115	Moscôvio	Mc	Descoberto pelos laboratórios de pesquisa nuclear de Dubna e de Lawrence Livermore, sua existência foi oficializada pela IUPAC em 2015. O nome homenageia a cidade de Moscou, na Rússia.
116	Livermório	Lv	Oficializado pela International Union of Pure and Applied Chemistry (IUPAC) em 2012, o elemento foi descoberto pelos laboratórios de pesquisa nuclear de Dubna e de Lawrence Livermore. O nome é uma homenagem ao laboratório estadunidense que participou da descoberta.
117	Tennesso	Ts	A descoberta do elemento envolveu um trabalho cooperativo entre várias instituições dos Estados Unidos e da Rússia, incluindo a Universidade do Tennessee, que deu origem ao nome. Foi reconhecido pela IUPAC em 2015.
118	Oganessônio	Og	Foi descoberto pelos laboratórios de pesquisa nuclear de Dubna e de Lawrence Livermore, e oficializado pela IUPAC em 2015. O nome é uma homenagem ao professor Yuri Oganessian por seus trabalhos pioneiros com elementos superpesados.

Nota do autor: a União Internacional de Química Pura e Aplicada (International Union of Pure and Applied Chemistry – IUPAC) atribui nomes aos elementos com base em: (i) mitologia, (ii) elementos minerais ou região onde foi encontrado, (iii) existência de uma propriedade marcante, (iv) homenagem a um cientista, (v) instituição, ou (vi) país onde foi feita a descoberta. Na língua inglesa, a terminação geral dos nomes dos elementos dos grupos de 1 a 16 é "-ium"; para os elementos do grupo 17 (halogênios), a terminação é "-ine"; os elementos do grupo 18 (gases nobres) têm terminação "-on". A tradução adaptada para língua portuguesa deve ser coerente com a nomenclatura já existente, levando a estas terminações: "-io", "-o" e "-io", respectivamente. Assim, *nihonium* (113) deve ser traduzido como nihônio (o acento circunflexo é para manter a sonoridade) e *tennessine* (117) como tennesso, em vez de tennessino, para ficar em harmonia com *chlorine* = cloro, *bromine* = bromo, *iodine* = iodo. *Darmstadtium* (110) pode ser traduzido como darmstádio, visto que a terminação "-dt" não se pronuncia isoladamente na língua germânica. Da mesma maneira, por questões de sonoridade, o nome *promethium* (61) tem sido traduzido como promécio em vez de prométhio.

Uma constatação muito importante acerca da composição das substâncias foi feita por Proust, em 1799, "os elementos que compõem uma substância estão presentes em proporções definidas e constantes".

Esse fato, conhecido como **Lei das Proporções Constantes,** permite diferenciar um composto de uma mistura, pois nesta última, a composição pode ser variada e, portanto, a proporção com que os elementos participam não é constante. Por exemplo, o etanol, ou álcool etílico, C_2H_5OH, é formado por 52,1% de carbono, 13,1% de hidrogênio e 34,8% de oxigênio. Essa composição, bem como a proporção entre as massas dos elementos sempre permanecerão as mesmas no etanol. Da mesma forma, a água, H_2O, é formada por 11,2% de hidrogênio e 88,8% de oxigênio, e a relação entre as massas dos elementos será sempre a mesma. Entretanto, uma mistura de água e etanol pode ter várias composições elementares, dependendo do teor relativo de cada componente.

Figura 2.5
John Dalton (1766-1844) era fascinado pela ciência, e tornou-se mais conhecido por sua teoria atômica. Contribuiu para o estabelecimento das relações de massa entre os átomos. Sua deficiência na percepção das cores não o impediu de ser um grande inovador na Química.

Uma extensão da lei de Proust é conhecida como **Lei das Proporções Múltiplas** e foi estabelecida por John **Dalton** em 1803 (Figura 2.5).

Dalton observou que, "quando vários compostos são formados a partir dos mesmos elementos, suas composições relativas guardam proporções múltiplas entre si".

Por exemplo, tanto a água, H_2O, como o peróxido de hidrogênio, H_2O_2 são constituídos exclusivamente por hidrogênio e oxigênio, porém suas proporções diferem entre si. Na água, a proporção entre as massas do hidrogênio e do oxigênio é de 1 para 4, enquanto, no peróxido de hidrogênio, essa proporção é de 1 para 8. A lei das proporções múltiplas pode ser constatada diretamente comparando-se as fórmulas dos compostos; por exemplo, a proporção entre os números de átomos de H e O é de 2:1 e 1:1, na água e no peróxido de hidrogênio, respectivamente.

A constatação das leis da conservação da massa e das proporções definidas e múltiplas era um forte indício que a matéria deveria ser formada das unidades mínimas, que os filósofos gregos chamaram de átomos. Para racionalizar o conhecimento da época, Dalton postulou que:

1. A matéria seria composta de partículas indivisíveis denominadas átomos.
2. Os átomos do mesmo elemento apresentariam mesmas propriedades, como massa e tamanho.
3. Os elementos e compostos teriam arranjos atômicos bem definidos; porém sujeitos a alterações por meio de uma reação química.

Atualmente, a indivisibilidade do átomo deve ser vista essencialmente sob o ponto de vista químico. Além disso, a ideia de que os átomos do mesmo elemento são idênticos, precisa ser flexibilizada em virtude da existência de isótopos. A partir da ideia das proporções múltiplas entre as massas dos elementos, foi possível formular uma escala de pesos atômicos (ou massa atômica) atribuindo a um dado elemento, considerado padrão, um valor de referência. Dessa forma, o peso atômico dos outros elementos será sempre relativo ao do elemento padrão. Durante muitos anos, o oxigênio foi considerado como padrão, com o valor de 16,0000 unidades de peso atômico. A partir de 1961, uma nova escala foi adotada internacionalmente, tendo o isótopo do carbono-12 como padrão, com exatamente 12 unidades de peso atômico.

O elétron

A teoria atômica de Dalton constituiu um marco importante no desenvolvimento da Química. O próximo passo só foi dado quase um século depois, com a descoberta do elétron. A existência de cargas elétricas e da eletricidade já era conhecida desde os trabalhos de Benjamin Franklin (1706-1790). A presença de cargas, produzidas, por exemplo, pela aplicação de uma voltagem (diferença de potencial elétrico) entre duas superfícies metálicas, dá origem a um campo elétrico. As partículas carregadas eletricamente, quando colocadas nesse campo, são atraídas pelas superfícies, dependendo de sua polaridade (+ ou –).

Apesar de se conhecer a existência da eletricidade, a natureza do elétron só ficou caracterizada com os experimentos de J. J. Thomson (1856-1940) sobre raios catódicos. O tubo de raios catódicos empregado foi precursor das lâmpadas fluorescentes e dos tubos de televisão. Consistia essencialmente de um tubo de vidro com vácuo parcial em seu interior, além de duas peças de metal, denominadas eletrodos (Figura 2.6).

O eletrodo com carga negativa é denominado **catodo** e o com carga positiva, **anodo**. Aplicando-se uma diferença de potencial suficientemente alta entre os eletrodos, é possível observar uma descarga elétrica fluindo como um feixe a partir do catodo, sendo por isso denominado raio catódico. Os gases no interior do tubo, quando atingidos pelo feixe, emitem luz e, dessa forma, permitem que a trajetória do feixe seja visualizada. Um feixe de raios catódicos propaga-se em linhas retas, contudo, ao contrário da luz, pode ser desviado por meio da aplicação de campos elétricos. Dessa forma, foi possível demonstrar que os raios catódicos são constituídos por feixes de partículas negativas, ou elétrons.

Aplicando-se um campo magnético (H), por meio de um imã, os elétrons, que trafegam com uma velocidade v, ficam sujeitos a uma força

$$f = Hev \tag{2.12}$$

e descrevem uma trajetória circular de raio r, dada por uma força de escape

$$f = \frac{mv^2}{r} \tag{2.13}$$

equivalente à força gerada pelo campo. Portanto,

$$Hev = \frac{mv^2}{r} \tag{2.14}$$

e

$$\frac{e}{m} = \frac{v}{Hr}. \tag{2.15}$$

É possível aplicar um campo elétrico **E** por meio de duas placas eletrizadas acima e abaixo do feixe de elétrons, de modo que os elétrons fiquem sujeitos a uma força

$$f = e\,E \tag{2.16}$$

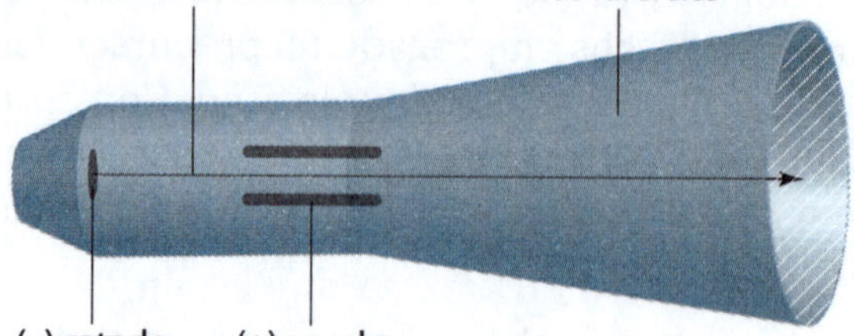

Figura 2.6
Representação de um tubo de raios catódicos. Quando uma alta voltagem é aplicada entre os eletrodos (catodo e anodo), ocorre uma descarga elétrica entre eles, produzindo um feixe de elétrons que se desloca e pode ser visualizado na tela fluorescente.

e dessa forma se possa cancelar o desvio provocado pelo campo magnético. Assim, quando as duas forças se equilibram,

$$Hev = Ee \tag{2.17}$$

e, portanto,

$$v = E/H. \tag{2.18}$$

Dessa forma,

$$\frac{e}{m} = \frac{E}{H^2 r}. \tag{2.19}$$

Por meio da aplicação de campos elétricos e magnéticos, Thomson determinou com precisão, em 1897, a relação entre a carga e a massa do elétron,

$$e/m = -1{,}7588 \times 10^8 \text{ C } g^{-1}. \tag{2.20}$$

O próximo passo foi dado por R. A. Millikan, em 1911, por meio de experimentos com gotículas de óleo colocadas em uma câmara de observação com duas placas eletrizadas. As gotículas ao serem injetadas adquiriam cargas estáticas e passavam a responder ao campo elétrico aplicado entre as placas, por uma força

$$f = Eq \tag{2.21}$$

que poderia ser usada para equilibrar a força da gravidade,

$$f = mg. \tag{2.22}$$

Nesse ponto, a gotícula ficava parada, indicando que

$$E\,q = mg \tag{2.23}$$

e, portanto,

$$q = m\,g/E. \qquad (2.24)$$

Millikan obteve valores de q sempre múltiplos de $1{,}60 \times 10^{-19}$ C, que foi atribuído à carga do elétron. A partir desse resultado e da relação carga/massa obtida por Thomson, foi possível deduzir a massa do elétron, igual a $9{,}11 \times 10^{-29}\,g$.

O próton

Utilizando como polo elétrico (catodo) uma lâmina metálica perfurada no lugar do convencional, E. Goldstein observou em 1886, que além do feixe de raios catódicos (elétrons) havia outro feixe, em sentido oposto, que atravessava as perfurações do eletrodo, como se fossem canais. Esses raios eram formados por partículas com carga positiva. As partículas positivas eram atraídas pelo catodo, sendo que algumas passavam pelos orifícios existentes, permitindo sua detecção, bem como a determinação da relação carga/massa, como no caso dos raios catódicos. Quando o hidrogênio (H_2) foi usado como gás no interior do tubo, chegou-se a uma partícula de carga positiva de menor massa, denominada **próton** (em grego = primário). O próton foi reconhecido como outra partícula elementar de carga equivalente, porém com sinal oposto ao do elétron. Sua massa equivale a $1{,}67261 \times 10^{-24}\,g$.

O nêutron

Levando em conta apenas as massas dos prótons e elétrons, não é possível explicar a massa do átomo. Torna-se necessário incluir outro tipo de partícula, sem carga, pois a igualdade entre os números de prótons e de elétrons já confere eletroneutralidade ao átomo. Essa partícula, por ser neutra, não sofre a ação de campos elétricos. Sua descoberta por J. Chadwick, em 1932, só foi possível a partir das pesquisas sobre radioatividade, iniciadas por

Figura 2.7
Maria Sklodowska, depois conhecida como Marie Curie, nasceu em Varsóvia em 1867, mudando-se para Paris em 1891. Após graduar-se em Física, casou-se com Pierre Curie. Seu trabalho de doutorado foi inspirado nas descobertas de Becquerel sobre a ação dos sais de urânio em placas fotográficas. Enquanto Pierre estudava as propriedades das radiações, Marie tentava isolar os elementos responsáveis pela emissão. Pierre não tardou a apresentar queimaduras em sua pele, provocadas pela radiação. Logo depois, o rádio passava a ser usado no tratamento de tumores malignos. Juntamente com Becquerel, o casal recebeu o Prêmio Nobel de Física, em 1903. Após a perda do marido em um acidente de trânsito, em 1906, Marie prosseguiu sozinha, tornando-se a primeira mulher a ocupar uma cátedra na Universidade de Sorbonne. Em 1911, conseguiu seu segundo Prêmio Nobel, dessa vez em Química. Morreu de leucemia, provocada pela radiação, em 1934.

H. Becquerel em 1896, que tiveram continuidade por meio de M. Curie. A partícula em questão recebeu o nome de nêutron, e tem uma massa de $1{,}67492 \times 10^{-24}\ g$.

O átomo nuclear

Alguns elementos são ditos radioativos, pois apresentam comportamento semelhante ao do elemento rádio, estudado pelo casal Pierre e Marie Curie (Figura 2.7).

Esses elementos são considerados instáveis, pois sofrem transformações por meio da emissão de três tipos de raios: alfa, beta e gama. Tais raios podem ser diferenciados pelo comportamento distinto que cada um apresenta em um campo elétrico. Os raios alfa são atraídos pelo polo negativo, e são constituídos por partículas que contêm dois prótons e dois nêutrons. Os raios beta são desviados, na presença de um campo elétrico, no sentido contrário ao dos raios alfa. São formados por elétrons. Os raios gama não sofrem ação de campo elétrico, e correspondem a fótons, como os da luz, porém associados a radiações eletromagnéticas de alta energia. Apresentam, além de maior energia, maior capacidade de penetração nos corpos que os raios alfa e beta.

Figura 2.8
Ernest Rutherford nasceu na Nova Zelândia em 1871, e mudou-se para Cambridge em 1895, onde realizou sua pós-graduação sob orientação de J. J. Thomson. Em 1899, tornou-se professor da Universidade de McGill, no Canadá, e mudou-se para a Inglaterra em 1907 para ocupar a cátedra na Universidade de Manchester. Recebeu o Prêmio Nobel de Química em 1908, por seus trabalhos sobre radioatividade. Em 1911, anunciou seu modelo revolucionário de átomo nuclear, que modificaria todo o rumo da ciência. Em 1919, passou a ocupar a cátedra de Thomson, em Cambridge. Morreu em 1937.

A existência do núcleo

Ernest Rutherford (Figura 2.8), em 1909, demonstrou que quando partículas alfa incidem sobre uma fina lâmina de ouro, a maioria consegue atravessar o seu interior, sofrendo desvios mínimos de trajetória (Figura 2.9). Esse fato mostrou que o interior do metal é dominado essencialmente por espaços vazios. Entretanto, uma percentagem muito pequena de partículas sofre desvios, e algumas chegam a ser defletidas pela lâmina. Considerando as energias das partículas, esses desvios são surpreendentes, pois o impacto energético dos raios seria comparável ao de balas de canhão incidindo sobre um alvo de papel. Rutherford ponderou: Como seria possível uma folha de papel defletir uma bala de canhão?

Para explicar esse fenômeno, Rutherford concluiu que, no interior da matéria, existem núcleos com alta densidade de massa, ao redor dos quais orbitam os elétrons. Os núcleos, tendo carga positiva, são capazes de defletir as partículas alfa, por meio da repulsão eletrostática entre partículas de mesma carga. De acordo com os experimentos de Rutherford, o raio do núcleo seria milhares de vezes menor que o raio atômico.

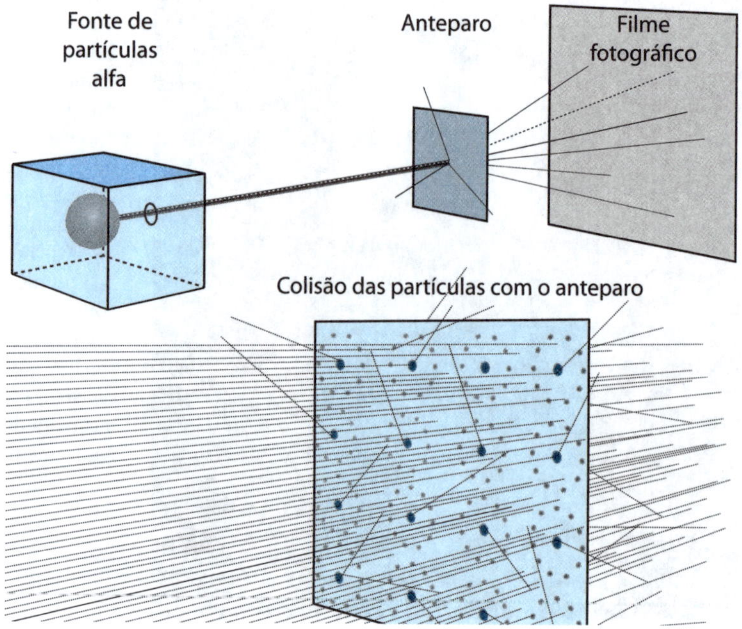

Figura 2.9
Experimento de Rutherford mostrando o espalhamento das partículas quando atingem uma fina lâmina de ouro; e na parte inferior, o modelo estrutural proposto, considerando a existência de núcleos atômicos, com alta densidade, capazes de defletir as partículas.

Número atômico

Apesar de os elétrons serem as partículas mais importantes do ponto de vista químico, a caracterização de um elemento é feita com base no seu número de prótons. Por isso, o número de prótons é denominado **número atômico = Z**. No átomo neutro, esse número é igual ao de elétrons; entretanto se sabe que um átomo pode perder ou receber elétrons, formando **íons**. O íon resultante da perda de elétrons apresenta carga positiva, e é denominado **cátion**. Quando é formado pelo recebimento de elétrons, o íon apresenta carga negativa, e é denominado **ânion**. Um elemento químico pode formar vários cátions ou ânions, dependendo do número de elétrons perdidos ou recebidos. Dessa forma, os íons de dois elementos químicos distintos podem apresentar o mesmo número de elétrons, contudo, continuam diferenciados pelo número de prótons.

Massa atômica e isótopos

A massa de um átomo é dada pela soma das massas dos elétrons, prótons e nêutrons. Entretanto, a massa do elétron representa apenas 0,5 milésimos da massa do próton e pode ser desconsiderada, em primeira aproximação. Já a massa do próton equivale à do nêutron. Por essa razão, a massa atômica é dada essencialmente pelo número de prótons e de nêutrons existentes no núcleo. Se atribuirmos ao próton e ao nêutron um número de massa unitário, a massa atômica ficará bastante próxima do número de massa. Dessa forma, podemos estimar o número de nêutrons existentes no núcleo, subtraindo do número de massa, o respectivo número atômico do elemento.

Enquanto o número atômico é uma característica do elemento, o número de nêutrons e, portanto, o número de massa podem apresentar pequenas variações, dando origem a **isótopos**. A representação de um isótopo é feita especificando-se o número de massa em sobrescrito e o número atômico em subscrito, ambos à esquerda do símbolo do elemento. Por exemplo, ${}^{12}_{6}C$ representa um isótopo do carbono com número de massa 12. Esse isótopo, em particular, tem sido adotado como referência para a elaboração de uma escala internacional de massas atômicas, com o valor exato de 12,00000 unidades. Entretanto, em virtude da existência de isótopos, a massa atômica do carbono é igual a 12,01115, refletindo o valor da média ponderada de todas as espécies isotópicas existentes para o elemento. A massa atômica, que é a denominação correta, tem sido considerada equivalente ao peso atômico. Ambos são usados indistintamente na literatura química, apesar da diferença conceitual entre peso e massa.

Os isótopos podem ser diferenciados e, às vezes, separados, com base em efeitos de massa. Os diferentes isótopos dos elementos dão origem a substâncias que, no estado gasoso, movem-se com velocidades distintas e, dessa forma, podem ser separadas. As técnicas empregadas são conhecidas como de difusão gasosa e de cromatografia. Sua identificação pode ser feita por meio da espectrometria de massa (Figura 2.10). Essa técnica utiliza uma amostra gasosa que é ionizada sob a ação de um feixe de elétrons, e os íons formados são acelerados por meio de um campo elétrico. Como mencionado anteriormente, o feixe de íons resultante, ao passar por um campo magnético, sofre um desvio na trajetória, proporcional à massa das partículas. Os diferentes isótopos sofrem desvios distintos e podem ser detectados individualmente, com alta sensibilidade e precisão.

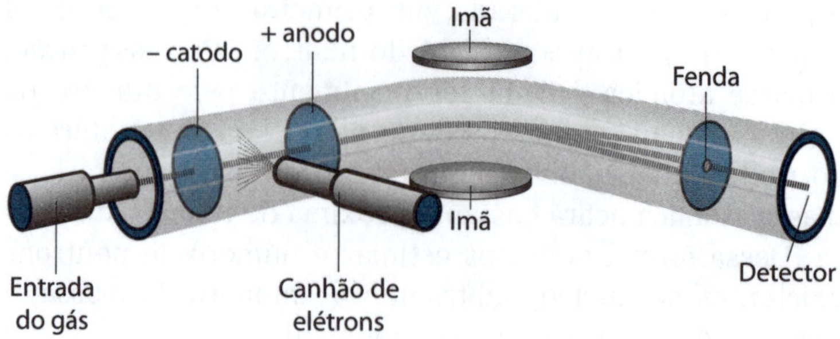

Figura 2.10
Esquema de um espectrômetro de massa, mostrando a injeção da amostra gasosa e a formação de íons mediante bombardeamento com elétrons. O feixe de íons se move no campo elétrico criado pelos eletrodos (catodo e anodo), sofrendo desvios proporcionais à sua massa ao passar por um campo magnético, para finalmente atingir o detector.

Na natureza são encontrados 89 elementos químicos, porém a esse número devemos acrescentar mais 29, obtidos artificialmente pelo homem até 2015. Esses 118 elementos apresentam, no total, mais de 1.000 isótopos conhecidos, muitos dos quais são produzidos artificialmente, ou possuem atividade radioativa. Em sistemas dinâmicos, como os seres vivos, as trocas isotópicas ocorrem constantemente, pois os elementos são reciclados, como acontece quando ingerimos alimentos (compostos de carbono) e exalamos gás carbônico (CO_2). Assim, a distribuição dos isótopos de carbono no organismo permanece constante. Em sistemas estáticos, como os fósseis, isso não mais acontece e os isótopos menos estáveis continuam decaindo, sem renovação. Por meio da comparação entre a distribuição isotópica atual e as encontradas em corpos em estudo, como os fósseis, é possível fazer sua datação com grande precisão. Os isótopos também são muito utilizados na marcação de compostos, permitindo investigar suas trajetórias e transformações nos sistemas químicos ou na medicina (ver Capítulo 8).

Visão microscópica do átomo

Atualmente, com o desenvolvimento da instrumentação analítica, já é possível obter uma imagem direta dos átomos. Uma ilustração típica pode ser vista na Figura 2.11.

As técnicas utilizadas são conhecidas como microscopia de varredura de tunelamento (STM), e microscopia de força atômica (AFM), conforme ilustrado na Figura 2.12.

Na microscopia de tunelamento, o material a ser visualizado deve conduzir eletricidade. Uma agulha, cuja ponta

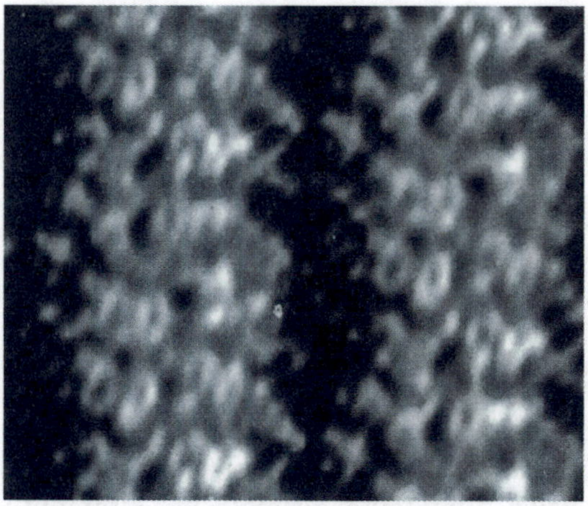

Figura 2.11
Visualização dos átomos em anéis aromáticos de uma fibra de polímero por meio de microscopia de tunelamento.

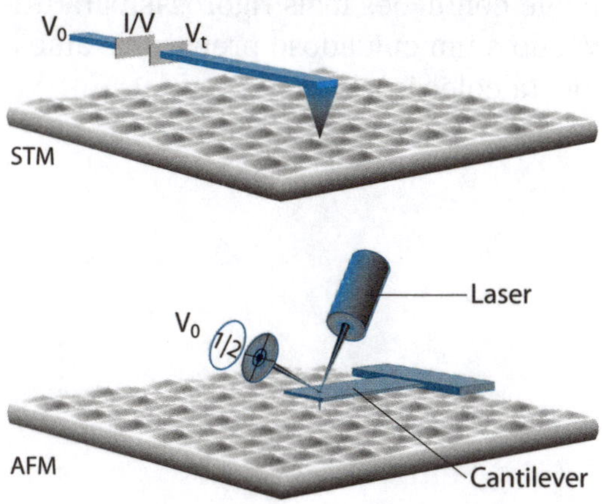

Figura 2.12
Esquema operacional de uma ponta de microscopia de varredura de sonda no modo de tunelamento (STM) ou de força atômica (AFM).

foi afinada até dimensões atômicas, desliza, com deslocamentos microscópicos, quase tocando a superfície do material. Entre a agulha e o material é aplicada uma diferença de potencial. Quando a distância de separação se aproxima da escala nanométrica (10^{-9} m) aumenta a probabilidade de passagem dos elétrons entre a ponta da agulha e o material. Esse efeito é conhecido como tunelamento. A probabilidade de passagem e, portanto, a corrente elétrica, depende da distância. Dessa forma, as medidas de corrente permitem avaliar as variações de distância entre a ponta da agulha e o material, produzindo uma imagem dos átomos na superfície.

Na microscopia de força atômica, se faz o acompanhamento dos movimentos da agulha ou sonda de dimensões atômicas com o auxílio de raios laser que incidem sobre o suporte (*cantilever*). Tudo funciona como se fosse uma agulha deslizando sobre os sulcos de um antigo disco de vinil. Colada à agulha está um pequeno refletor, como um espelho, sobre o qual bate um microfeixe de luz. Qualquer movimento da agulha modifica a posição do refletor e a direção do feixe refletido. Dessa forma, a imagem da superfície é gerada, com resolução atômica. Essa técnica não exige que a superfície seja condutora, e permite obter importantes informações sobre as características físicas e químicas do material.

A microscopia eletrônica também permite obter imagens com resolução atômica, principalmente no modo de transmissão. Ela utiliza um feixe de elétrons, altamente focalizado, porém exige condições mais rigorosas para utilização, como alto vácuo e um cuidadoso preparo de amostras (ver volume 6 desta coleção).

CAPÍTULO 3

A NATUREZA QUÂNTICA DA MATÉRIA

A ideia de um átomo constituído por um núcleo ao redor do qual giram os elétrons representou um avanço significativo no desenvolvimento da teoria atômica. Entretanto, de acordo com a física clássica, o deslocamento do elétron ao longo de sua órbita deveria ser acompanhado pela emissão de energia eletromagnética. Com a perda de energia, o elétron acabaria caindo no núcleo. Os átomos, contudo, são estáveis, e o colapso elétron–núcleo não se verifica. Para explicar o modelo de átomo nuclear proposto por Rutherford, seria necessário romper com a Física clássica. Esse passo foi dado por Niels Bohr (Figura 3.1), em 1913, ao lançar uma proposta muito arrojada que, posteriormente, levaria ao surgimento da mecânica quântica.

Albert Einstein (Figura 3.2) foi um dos primeiros a utilizar a teoria de Planck, já em 1905, para explicar o efeito fotoelétrico apresentado por alguns materiais capazes de emitir elétrons, quando expostos a luz. A emissão de elétrons só se verifica quando a frequência da radiação, ou sua energia, atinge um valor limite, conhecido como energia de ionização. Isso significa que a distribuição da energia no interior do átomo não se dá de forma contínua, mas segundo níveis discretos de energia. Quando a energia fornecida

Figura 3.1
Niels Henrik David Bohr nasceu em Copenhague, em 1885. Doutorou-se pela Universidade de Copenhague, em 1911, e desenvolveu uma tese sobre a teoria eletrônica dos metais. Em 1912, mudou-se para Manchester para trabalhar com Rutherford na pesquisa sobre a estrutura do átomo. Voltando para Copenhague, em 1913, já bastante influenciado pelas ideias quânticas de Planck e Einstein, Bohr propôs uma teoria revolucionária em que o átomo só poderia existir em estados discretos de energia. Conquistou a cátedra, em 1916, e o Prêmio Nobel, em 1922. Enquanto dirigia o Instituto de Física Teórica, criado em sua homenagem, teve de fugir da perseguição nazista durante a ocupação da Dinamarca, indo para a Inglaterra e depois para Los Álamos. Foi bastante atuante nos movimentos pacifistas da era nuclear, até sua morte, em 1962.

coincide com a dos níveis discretos, ocorre a emissão de elétrons, levando à ionização do átomo.

Outro indício da natureza quântica do átomo é o fato de a luz emitida por elementos gasosos em tubos de descarga (lâmpadas fluorescentes) não apresentar uma distribuição contínua de frequências, mas apenas alguns valores bem definidos. A luz emitida, ao passar por uma fenda estreita e, depois, por um prisma, forma verdadeiras linhas coloridas, que podem ser registradas em filme fotográfico, sob a forma de um espectro de raias (Figura 3.3). Cada raia corresponde a um número de onda específico, cujos valores foram trabalhados por Rydberg, chegando à equação empírica

$$\bar{\nu} = R_y\left(\frac{1}{n_1^2} - \frac{1}{n_2^2}\right) \tag{3.1}$$

onde, R_y = 109.677,581 cm^{-1} (constante de Rydberg).

A emissão de luz com energias bem definidas sugeria a existência de níveis discretos de energia no átomo. Essas ideias foram bem aproveitadas por Niels Bohr, quando apresentou um modelo teórico para o átomo, baseado

Figura 3.2
Albert Einstein foi a grande personalidade científica do século. Nascido na Alemanha, em 1879, graduou-se em Matemática e Física em 1900. Enquanto trabalhava em um escritório de patentes em Berna, Einstein desenvolveu estudos de grande amplitude em física teórica, publicados em 1905. Nesse ano, obteve o grau de doutor pela Universidade de Zurique. Esses trabalhos tratavam do efeito fotoelétrico e da teoria geral da relatividade, com a qual mudou os rumos da Física, mostrando a equivalência entre massa e energia. Em 1909, tornou-se professor da Universidade de Zurique, e depois da Universidade de Berlim. Recebeu o Prêmio Nobel em 1921 por seus trabalhos sobre o efeito fotoelétrico. Em 1932, mudou-se, definitivamente para os Estados Unidos, escapando do regime nazista que se implantaria logo depois na Alemanha. Trabalhou até o final da vida, em busca da unificação das leis da física. Sua enorme projeção foi um instrumento importante em prol da humanidade, principalmente contra as armas nucleares.

na quantização da energia e na existência de órbitas com energia estacionária.

Bohr, ao equacionar as forças que atuam sobre o elétron, considerou que uma está associada ao seu movimento translacional, e outra decorre da atração nuclear. Esta última atua impedindo-o de seguir uma trajetória retilínea, de forma a mantê-lo em órbita em torno do núcleo atômico. De acordo com Bohr, os elétrons podem apresentar várias órbitas, porém cada qual possui energia bem definida, expressa pela equação:

$$E = -\frac{2\pi m e^4 Z^2}{h^2 n^2} \qquad (3.2)$$

onde, m = massa do elétron, Z = número atômico, e = carga do elétron, h = constante de Planck, e **n** é um número quântico, restrito a valores inteiros 1, 2, 3 etc. Os valores constantes podem ser agrupados em um número que equivale à constante de Rydberg, quando expresso em cm^{-1}.

$$E = -R_y \frac{Z^2}{n^2}. \qquad (3.3)$$

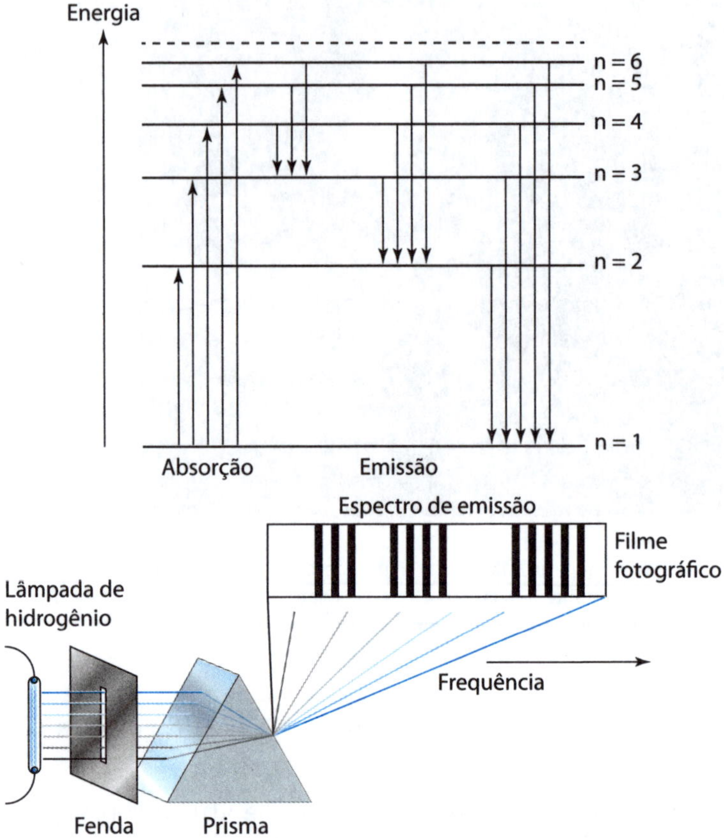

Figura 3.3 Representação didática das transições e espectro de emissão do átomo de hidrogênio.

Cada valor de **n** estabelece um nível discreto de energia para o elétron. O valor mais baixo de energia corresponde ao nível fundamental $n = 1$. O elétron pode ser promovido para outro nível superior desde que a energia fornecida seja exatamente igual à diferença de energia entre os dois níveis. Ao retornar para o nível anterior, o elétron pode dissipar a energia absorvida, mediante emissão de luz. Nesse caso, a energia da luz emitida será igual à diferença de energia entre os níveis em questão (Figura 3.3). A substituição dos diversos valores de **n** na equação de Bohr possibilitou o cálculo de todas as frequências de luz observadas para o átomo de hidrogênio. A concordância entre os valores calculados e experimentais, bem como a explicação do espectro de emissão do hidrogênio foram os pontos que propiciaram ampla e imediata aceitação da teoria de Bohr pela comunidade científica.

A mecânica quântica

A teoria de Bohr conseguia explicar as propriedades do átomo de hidrogênio, porém fracassava na previsão do espectro de raias de elementos com mais de um elétron, ou na explicação da disposição dos elementos ao longo da Tabela Periódica. Embora os princípios da teoria quântica já estivessem embrionários, a estruturação matemática sob a forma de mecânica quântica só ocorreu na década de 1920. De fato, essa década foi marcada por uma revolução conceitual, talvez a maior de todos os tempos. Em 1924, Louis de Broglie lançava a ideia do comportamento ondulatório para as partículas, estabelecendo a dualidade partícula–onda. Segundo De Broglie, toda partícula em movimento descreve uma trajetória ondulatória cujo comprimento de onda é dado por

$$\lambda = \frac{h}{mv} \tag{3.4}$$

onde, m = massa da partícula e v = velocidade. No mundo macroscópico não se percebe a existência dessa dualidade de comportamento, visto que os comprimentos de onda acabam sendo muito menores que a própria dimensão dos corpos. Entretanto, para os elétrons, por ser muito pequeno, esse fato não pode ser negligenciado.

Assim, de acordo com o comportamento dual, os elétrons em suas órbitas estacionárias descrevem um movimento ondulatório. O desenvolvimento das teorias quânticas, principalmente por Schrödinger, Heisenberg e Dirac (Figura 3.4), levou ao estabelecimento da função de onda e à introdução de operadores matemáticos para o equacionamento das energias ao nível atômico.

A teoria quântica pode ser resumida em:

1. buscar uma descrição matemática da partícula por meio de uma função de onda;
2. equacionar todas as energias envolvidas no sistema por meio de operadores matemáticos, reunidos no que foi chamado operador Hamiltoniano.

A função de onda descreve o comportamento do elétron em termos de um sistema de coordenadas, e é expressa

Figura 3.4
Werner Heisenberg nasceu na Alemanha, em 1901. Saindo do Laboratório de N. Bohr em 1927, tornou-se professor de Física em Leipzig. Desenvolveu um método de expressar a Mecânica Quântica de forma matricial, e formulou o princípio da incerteza, recebendo o Prêmio Nobel de 1932. Posteriormente, tornou-se diretor do Instituto Max Planck. Morreu em 1976.

Erwin Schrödinger nasceu em Viena, em 1887. Formou-se em Física em 1906, obtendo o doutorado em 1910. Seu trabalho mais importante foi realizado na Universidade de Zurique, onde ocupava a cátedra de física teórica. Influenciado pelas ideias de De Broglie, reformulou a teoria quântica matricial em termos da função de onda, recebendo o Prêmio Nobel de 1933. Dedicou-se, posteriormente, ao problema da unificação das leis da física. Morreu em 1961.

Paul Adrien Mauric Dirac nasceu em 1902, na Inglaterra. Após graduar-se em Matemática, em 1923, na Universidade de Bristol, mudou-se para Cambridge para desenvolver seu trabalho teórico, combinando as teorias de mecânica quântica e relatividade, o que lhe permitiu explicar as propriedades magnéticas e de *spin* do elétron. Dividiu o Prêmio Nobel de 1932 com Schrödinger, aos 31 anos de idade. Consagrado entre os maiores teóricos do século, morreu em 1984.

pelo símbolo (psi). O operador Hamiltoniano é representado pelo símbolo H. Toda informação de um sistema estaria nesse conjunto: função de onda e Hamiltoniano. Por meio deles, seria possível descrever todas as características e propriedades do sistema, resolvendo a equação proposta por Schrödinger:

$$H\psi = E\psi \tag{3.5}$$

O operador Hamiltoniano é uma expressão matemática de energia que, ao ser aplicado sobre uma função de onda, produz como resultado o valor da energia do sistema, E, multiplicado pela função de onda. Esse formalismo não deve ser confundido com um produto simples, onde ψ poderia ser cancelado de ambas as partes da equação. Isso não é possível, pois o Hamiltoniano representa uma operação matemática a ser executada sobre a função de onda.

Pensando em termos da energia, podemos identificar no átomo de hidrogênio, a existência de uma energia de movimento (energia cinética), associada ao elétron, bem como uma energia de atração eletrostática (energia potencial) entre o núcleo e o elétron. As informações a respeito dessas energias devem ser incluídas no operador Hamiltoniano, **H**, para levar a uma expressão mais complexa, escrita sob a forma de equação diferencial. Neste livro, vamos explorar essencialmente a parte conceitual envolvida na abordagem quântica; sem entrar nas equações. Contudo, deve ser mencionado que os cálculos já são feitos rotineiramente por meio de uma grande diversidade de softwares disponíveis, e em apenas alguns segundos.

Na resolução da equação de Schrödinger, a função de onda é separada em duas partes, uma **radial** e outra **angular**. A parte radial, $\mathbf{R_{nl}}$, descreve a dependência da função de onda com a distância elétron–núcleo, ao passo que a parte angular $\mathbf{Y_{lm}}$ descreve a distribuição espacial da mesma, e sua forma matemática também é conhecida como harmônicas esféricas, pois utiliza um sistema de coordenadas expresso pelas variáveis r, θ e ϕ, que pode ser facilmente convertido nas coordenadas cartesianas x, y e z, como mostrado na Figura 3.5.

A solução da equação de Schrödinger é feita levando em conta que a energia é quantizada, conforme proposto por Bohr, em termos do número quântico ***n*** (principal) = 1, 2, 3, ... Esse número quântico também entra na descrição da parte radial da função de onda. Um aumento de n reflete, por exemplo, uma expansão radial da função de onda. Ao mesmo tempo, n define o número total de regiões nodais da função de onda, isto é, as coordenadas em que a função se anula, ou $\psi = 0$.

A distribuição angular da função de onda, por sua vez, é expressa em termos do número quântico l, que apresenta os seguintes valores 0, 1, 2, ... $(n - 1)$. Por exemplo, quando $n = 1$, o valor de l é igual a 0; e quando $n = 4$, l vale 0, 1, 2 e 3. O número quântico l caracteriza um determinado tipo

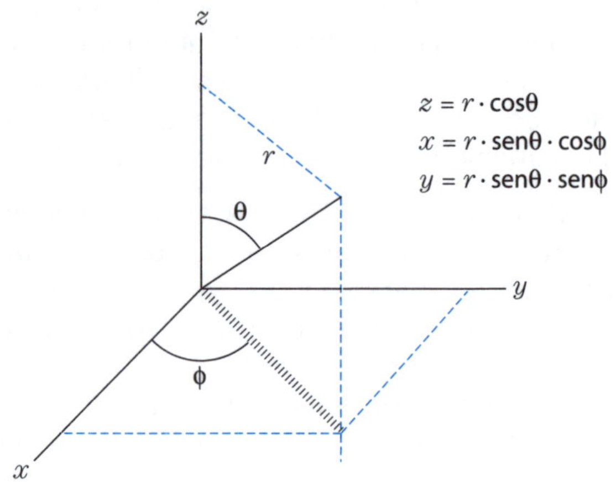

Figura 3.5
Representação espacial em termos das coordenadas esféricas polares e sua relação com as coordenadas cartesianas.

de distribuição angular, por exemplo, esférico (l = 0) ou senoidal/cossenoidal (l = 1). No último caso, a distribuição espacial pode se dar segundo orientações distintas, as quais são expressas pelo número m_l. Na linguagem vetorial, l pode ser representado por um vetor em um sistema de coordenadas cartesianas, onde m_l será igual à projeção desse vetor sobre o eixo z. Sendo um número quântico, m_l só pode apresentar valores iguais a l, l–1, ... 0, ...–l. O número quântico l também fornece o número de regiões nodais expressas por coordenadas angulares, ou planos nodais, em que a função de onda se anula.

Em resumo, de acordo com a descrição quântica do átomo, a função de onda eletrônica é caracterizada pelos números quânticos;

n = 1, 2, 3	relacionado com os níveis de energia e a expansão radial;
l = 0, 1, 2, ... n–1	relacionado com a distribuição angular ou espacial;
m_l = l, l–1, ...0, ...–l	relacionado com a orientação espacial dessa distribuição.

Existe ainda mais um aspecto importante relacionado com o movimento de rotação do elétron em torno de seu próprio eixo. Trata-se do *spin* eletrônico, que será tratado mais adiante.

A função de onda tem um significado matemático, e sua representação nem sempre pode ser visualizada diretamente, pois também pode conter termos imaginários, isto é, que incluem grandezas em que entram $i = \sqrt{-1}$. Entretanto o aspecto mais importante da função de onda é a sua interpretação probabilística. Em termos probabilísticos, o quadrado da função de onda expressa uma ideia de probabilidade de se encontrar o elétron em um dado espaço, ou seja

$$\psi^2 = \text{probabilidade}. \tag{3.6}$$

Essa interpretação da função de onda conduz ao conceito de regiões de probabilidade de se encontrar o elétron, denominadas **orbitais**. Os orbitais representam funções de onda reais, que podem resultar diretamente da solução da equação de Schrödinger. Quando essas funções de onda forem imaginárias, a matemática dos chamados operadores lineares, como é o caso do Hamiltoniano, nos garante a validade do uso de combinações matemáticas adequadas, para promover o cancelamento da parte imaginária, resultando em novas funções híbridas, porém reais.

As funções de onda (orbitais) para o átomo de hidrogênio são mostradas na Tabela 3.1, e podem ser estendidas para outros íons monoeletrônicos de número atômico Z.

Tabela 3.1 — Funções de onda radiais (R_{nl}) e angulares (Y_{lm}) para átomos do tipo do hidrogênio

n	l	m	$R_{nl}(r)$	$Y_{lm}(\theta, \phi)$	Orbital
1	0	0	$2(Z/a)e^{-Zr/a}$	$(1/4\pi)^{1/2}$	1s
2	0	0	$(Z/2a)^{3/2}(2\text{-}Zr/a)e^{-Zr/2a}$	$(1/4\pi)^{1/2}$	2s
2	1	0	$(1/3)^{1/2}(Z/a)^{3/2}\,(Zr/a)e^{-Zr/2a}$	$(3/4\pi)^{1/2}\cos\theta$	$2p_z$
2	1	1	$(1/3)^{1/2}(Z/a)^{3/2}(Zr/a)e^{-Zr/2a}$	$(3/4\pi)^{1/2}\text{sen}\theta\ \text{sen}\phi$	$2p_y$
2	1	–1	$(1/3)^{1/2}(Z/a)^{3/2}(Zr/a)e^{-Zr/2a}$	$(3/4\pi)^{1/2}\text{sen}\theta\ \cos\phi$	$2p_x$
3	2	0	$[4/27(10)^{1/2}](Z/3a)^{3/2}(Zr/a)^2e^{-Zr/3a}$	$(5/16\pi)^{1/2}(3\cos^2\theta-1)$	$3d_z{}^2$
3	2	1	$[4/27(10)^{1/2}](Z/3a)^{3/2}(Zr/a)^2e^{-Zr/3a}$	$(15/4\pi)^{1/2}\text{sen}\theta\ \cos\theta\ \cos\phi$	$3d_{xz}$
3	2	–1	$[4/27(10)^{1/2}](Z/3a)^{3/2}(Zr/a)^2e^{-Zr/3a}$	$(15/4\pi)^{1/2}\text{sen}\theta\ \cos\theta\ \text{sen}\phi$	$3d_{yz}$
3	2	2	$[4/27(10)^{1/2}](Z/3a)^{3/2}(Zr/a)^2e^{-Zr/3a}$	$(15/16\pi)^{1/2}\text{sen}^2\theta\cos2\phi$	$3d_{xy}$
3	2	–2	$[4/27(10)^{1/2}](Z/3a)^{3/2}(Zr/a)^2e^{-Zr/3a}$	$(15/16\pi)^{1/2}\text{sen}^2\theta\text{sen}2\phi$	$3d_{x^2-y^2}$

a = raio do átomo de Bohr = 0,529 Å (0,0529 nm); Z = número atômico

Figura 3.6
Representação de um orbital *s*.

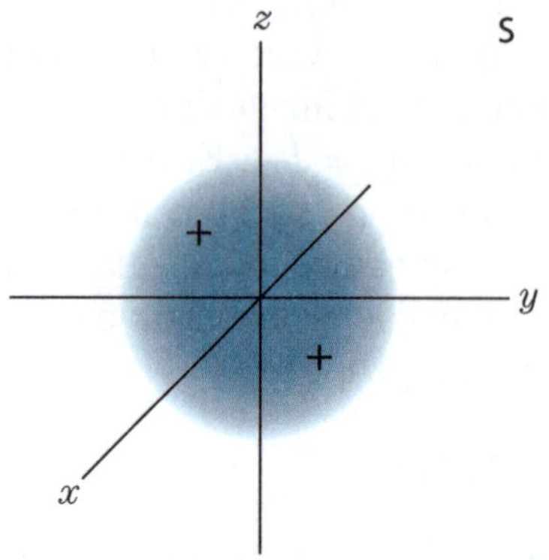

Os orbitais podem ser representados no espaço físico por curvas de distribuição de probabilidade, ou curvas de contorno que delineiam o formato dessas regiões, como pode ser visto nas Figuras 3.6 a 3.8. A designação dos orbitais é feita pelas letras *s, p, d, f,* (associado à notação espectroscópica) de acordo com os números quânticos l = 0, 1, 2 e 3, respectivamente. Esses números representam regiões nodais (angulares), onde a probabilidade é nula. Elas representam os planos que separam os lóbulos no espaço.

Quando $l = 0$, o orbital é do tipo *s*, e tem uma distribuição esférica ao redor do núcleo. A expressão matemática revela que não existe dependência angular, de forma que a função tem o mesmo sinal (+) em todos os pontos do espaço.

Quando $l = 1$, o orbital é do tipo *p,* e tem uma distribuição senoidal/cossenoidal que define uma região com formato de halteres, estando o núcleo no centro. O orbital pode apresentar três orientações, segundo as direções x, y e z. A parte angular é caracterizada pelos números $m_l = -1$, 0 e 1. A função de onda é considerada de simetria ímpar (também indicada pelo subscrito u, de ungerade, em alemão),

Figura 3.7
Representação angular dos orbitais *p*, com os planos nodais correspondentes.

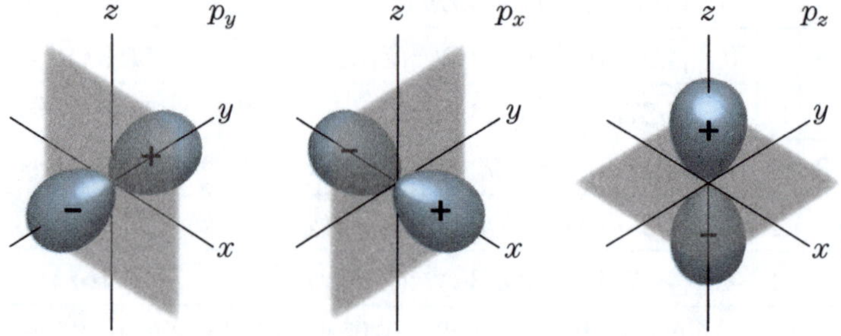

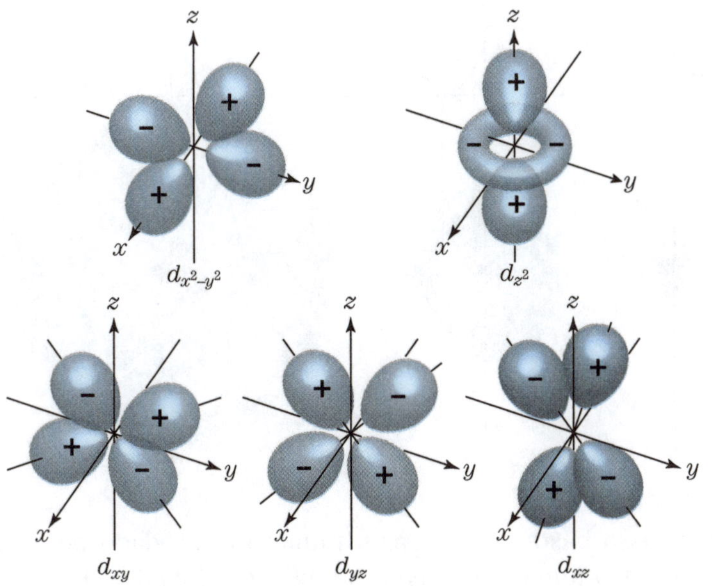

Figura 3.8
Representação angular dos orbitais d. Nos orbitais $d_{x^2-y^2}$ e d_{z^2}, os lóbulos estão sobre os eixos *x* e *y*, e o eixo *z*, respectivamente. Nos orbitais d_{xy}, d_{yz} e d_{xz}, os lóbulos ficam entre os eixos *x* e *y*; *y* e *z*; e entre *x* e *z*, respectivamente.

pois apresenta valores positivos ou negativos ditados pela trigonometria, conforme mostrado na Figura 3.7.

Quando $l = 2$, o orbital é do tipo *d*, e a representação espacial com os respectivos sinais matemáticos, pode ser vista na Figura 3.8. O orbital dz^2 se concentra principalmente sobre o eixo *z*, e na realidade deveria ser designado $d_{2z^2-x^2-y^2}$ para expressar a existência da região no plano *xy*. O sinal quadrático no símbolo indica a localização do orbital sobre o eixo. Por exemplo, $d_{x^2-y^2}$ apresenta os lóbulos sobre os eixos *x* e *y*, porém com sinais contrários. Os orbitais d_{xy}, d_{xz} e d_{yz} apresentam os lóbulos entre os eixos correspondentes. Note que os lóbulos dos orbitais d estão separados por dois planos nodais.

Quando $l = 3$, o orbital é do tipo *f*. Sua representação é um pouco mais complexa que as demais, lembrando a dos orbitais *d*, porém duplicados, contudo, raramente é cogitada pelo fato de não terem participação relevante na formação das ligações químicas. Neste caso, existem 3 planos nodais separando os lóbulos orbitais.

A existência de regiões nodais passa a ser muito importante na diferenciação dos elementos químicos. Em particular, é interessante saber o número de regiões nodais radiais (n_{radial}), isto é, que não apresentam dependência angular.

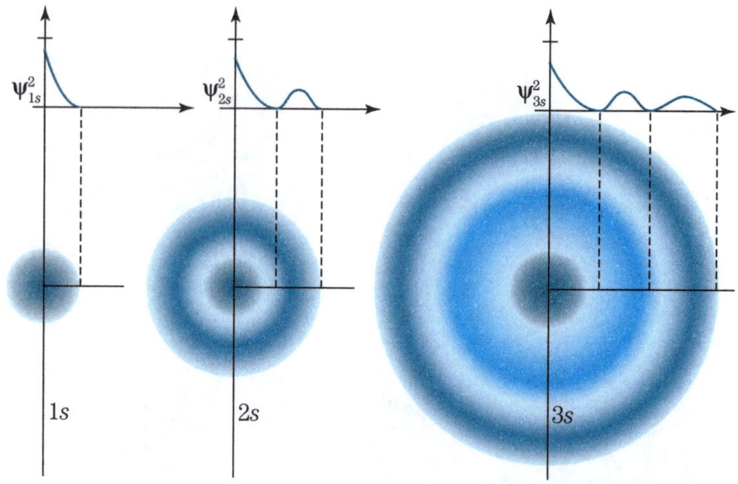

Figura 3.9
Representação radial dos orbitais em termos de probabilidade (ψ^2), com as respectivas regiões nodais. Note que o aumento do número de regiões nodais (círculos claros) ocorre quando se passa de 1*s* para 2*s* e 3*s*.

Para isso basta considerar o número total, dado por n, e subtrair o número de regiões angulares (igual a l), e mais uma região, que corresponderia ao infinito. Portanto,

$$n_{\text{radial}} = n - l - 1. \tag{3.7}$$

Em termos radiais, cada região nodal separa duas regiões onde existem máximos distintos de probabilidade, como pode ser visto na Figura 3.9. Assim, por exemplo, um orbital 3*s*, onde $n = 3$ e $l = 0$, apresenta, de acordo com essa fórmula, $3 - 0 - 1 = 2$ regiões nodais radiais. Sua representação se assemelha a três esferas concêntricas separadas por regiões de probabilidade nula.

Na Figura 3.9 pode ser visto que o orbital *s* apresenta um valor de probabilidade máximo (em termos de ψ^2) exatamente no núcleo. Isso pode parecer estranho, mas de fato só se verifica com os orbitais *s* e isso tem consequências importantes, pois representa uma forma de comunicação direta entre o núcleo e os elétrons. Assim, é possível estudar o que se passa com os elétrons, por meio da detecção de mudanças energéticas no núcleo, como na chamada espectroscopia Mössbauer. Entretanto, isso conduz ao paradoxo: *se no núcleo não existem elétrons, como o orbital s pode ter probabilidade máxima no núcleo?* Na realidade, essa forma de representar probabilidade deve ser relativizada. A representação de ψ^2 nos dá a probabilidade absoluta, ou seja, centrada em um ponto do espaço. Porém, em termos matemáticos, o volume de um ponto é nulo! Por isso, é mais interessante considerar a probabilidade em termos de elementos de volume no espaço. Para um volume esférico,

$$V = (4/3)\pi r^3 \qquad (3.8)$$

e, portanto, o elemento de volume é expresso matematicamente pela derivada

$$dV = 4\pi r^2 dr. \qquad (3.9)$$

Assim, a probabilidade em termos de volume é dada pela integral de $\psi^2 \, dV = 4\pi r^2 \psi^2 dr$.

Se representarmos as curvas de probabilidade por elemento de volume ($4\pi r^2 \psi^2$), como na Figura 3.10, o número de regiões nodais será mantido; entretanto, o valor passa a ser zero no núcleo ($4\pi r^2 \psi^2 = 0$, quando $r = 0$), visto que nesse ponto o núcleo teria um elemento de volume praticamente nulo.

Como pode ser visto na Figura 3.10, um orbital $3d$, não apresenta regiões nodais radiais, o que é coerente com a previsão expressa por $n - l - 1 = 3 - 2 - 1 = 0$. Uma consequência desse fato é que, enquanto o orbital $3s$ tem duas regiões com máximos de probabilidade no interior do átomo, o orbital $3d$ se distribui, probabilisticamente, apenas na parte externa do átomo. Dessa forma, os elétrons nos orbitais $3s$ atuam como se estivessem mais próximos do núcleo do que os orbitais $3d$, sofrendo maior atração por ele. Os elétrons nos orbitais $3d$, por estarem mais distantes, além de serem menos atraídos pelo núcleo, ainda sofrem um efeito de blindagem exercido pelos elétrons $3s$ e $3p$ mais internos. Isso é sentido como uma redução na carga do núcleo. Por essa razão, se considera a existência de uma carga nuclear efetiva atuando sobre os elétrons. No caso, seria como se os elétrons $3d$ sentissem uma carga positiva menor no núcleo. De acordo com esse raciocínio baseado no número de regiões nodais, para um dado nível n, a atração nuclear sobre os elétrons decrescerá na seguinte ordem $s > p > d > f$.

O *spin* eletrônico e o Princípio de Pauli

O elétron, além do movimento translacional ou orbital ao redor do núcleo, também apresenta um movimento

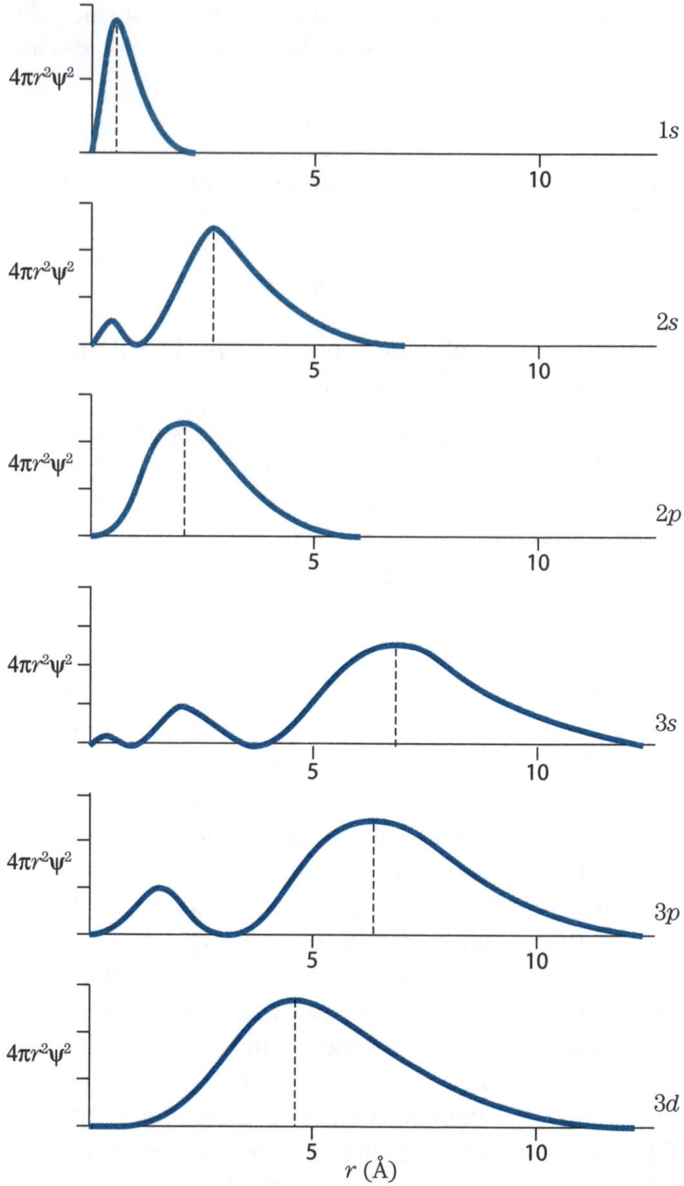

Figura 3.10
Distribuição de probabilidade radial por elemento de volume ($4\pi r^2 \psi^2$) para os diversos orbitais.

rotacional, designado, em inglês, ***spin***. Essa rotação pode seguir um sentido horário ou anti-horário, e dá origem a um caráter magnético, como ocorre com toda partícula elétrica em movimento (Figura 3.11). O *spin* eletrônico, *s*, pode ser representado por um vetor de dimensão igual a 1/2. Esse vetor admite dois sentidos, com sinais opostos, isto é $m_s = -1/2$ e $+1/2$, porém, de mesma energia. A diferenciação

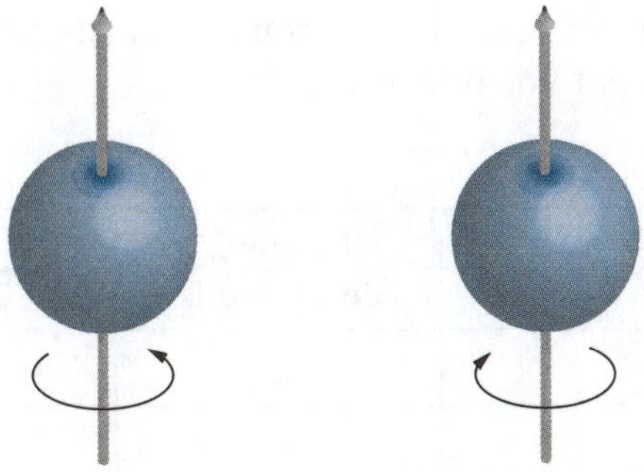

Figura 3.11
Spin eletrônico, o movimento de rotação do elétron nos sentidos horário e anti-horário, é responsável pelas suas propriedades magnéticas.

entre esses dois estados de *spin* pode ser feita na presença de um campo magnético intenso, no qual acontece a quebra da equivalência energética (também chamada degenerescência).

O operador Hamiltoniano na equação de Schrödinger não atua sobre o *spin* eletrônico, por isso, até agora, não foi necessário levá-lo em consideração. Porém, quando existem vários elétrons na configuração, existe uma restrição de natureza quântica, conhecida como **Princípio de Pauli**. Esse princípio é um dos mais importantes na mecânica quântica e exige que as funções de onda eletrônicas expressem de forma inequívoca a colocação dos elétrons nos orbitais, tal que a simples troca de posição, ou de *spin*, de dois elétrons conduza a uma troca de sinal matemático da função. Por isso, o Princípio de Pauli também é conhecido como princípio de antissimetrização. Uma consequência do Princípio de Pauli é que, em um átomo, cada elétron só pode ser representado por um único conjunto de números quânticos, n, l, m_l e m_s. Dessa forma, em um mesmo orbital, não é possível a presença de dois elétrons de mesmo *spin*, ou de mesmo m_s. Em outras palavras, "em um mesmo orbital, só pode haver, no máximo, dois elétrons com *spins* opostos".

Note-se que o Princípio de Pauli regula a colocação de dois elétrons, que devem ter sempre *spins* opostos quando colocados em um mesmo orbital. Isso não significa que os elétrons de *spins* opostos estão se atraindo. Pelo contrário, o emparelhamento de elétrons implica fornecer uma energia adicional, necessária para vencer a repulsão eletrostática entre eles. Esse acréscimo *é conhecido* como energia de emparelhamento.

Considerando esse fato, teremos os seguintes números de ocupação para os orbitais:

Orbitais	Designação	Número de elétrons	Ocupação
1 orbital *s*	$l = 0$	2	s^2
3 orbitais *p*	$l = 1,\ m_l = -1, 0, 1$	6	p^6
5 orbitais *d*	$l = 2,\ m_l = -2, -1, 0, 1, 2$	10	d^{10}
7 orbitais *f*	$l = 3,\ m_l = -3, -2, -1, 0, 1, 2, 3$	14	f^{14}

Na mecânica quântica, o comportamento dos elétrons, seguindo o Princípio de Pauli, é característico de partículas conhecidas como férmions. Existem outros tipos de partículas, chamados bósons, em que a restrição da ocupação envolvendo os *spins* não é observada.

Agora podemos pensar na construção de um átomo, mediante a colocação sucessiva dos elétrons nos orbitais. Esse processo é conhecido como *aufbau* (termo que vem do alemão e significa construção). Para isso, temos de levar em consideração três pontos:

- a energia dos orbitais (que depende do número quântico n);
- a atração nuclear e os efeitos de blindagem (relacionados com o tipo de orbital e o número de regiões nodais radiais);
- os números máximos de ocupação dos orbitais.

De acordo com o primeiro ponto, o elétron deve entrar inicialmente no nível $n = 1$, no qual só existe um orbital com $l = 0$, isto é, orbital 1*s*. Esse é o orbital de menor energia (ou de energia mais negativa), e o que sofre a maior atração nuclear.

O passo seguinte na sequência seria $n = 2$, onde existem os orbitais com $l = 0$ e 1, isto é 2*s* e 2*p*. Entretanto, em virtude do segundo ponto, à medida que avançamos, a ordem de preenchimento deixa de ser determinada

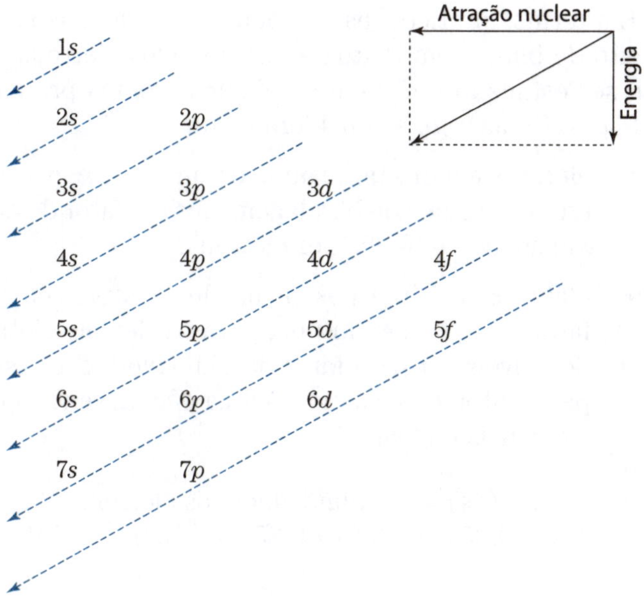

Figura 3.12
Sequência diagonal para a obtenção de configurações eletrônicas dos átomos.

exclusivamente pela ordem de energia. Do ponto de vista energético, um orbital $3d$ viria antes que um orbital $4s$, porém a ordem de preenchimento acaba sendo a inversa, visto que, no último caso, existe maior número de regiões nodais radiais. Assim, a atração nuclear é maior para um elétron $4s$ do que para um elétron $3d$.

Colocando em fila todos os orbitais atômicos, a sequência efetiva para o preenchimento eletrônico não será mais aquela horizontal, determinada pelo número quântico n. Considerando tanto a energia dos orbitais como a atração nuclear, a sequência correta passa a ser ditada pela progressão no sentido diagonal, como mostrado no esquema (Figura 3.12).

Nessa sequência em diagonal, o orbital $4s$ é preenchido antes que o orbital $3d$, e o orbital $6s$ é preenchido antes que o $4f$. Assim, para o átomo de cálcio, $Z = 20$, a configuração eletrônica tem a sequência

$$1s^2\ 2s^2 2p^6\ 3s^2 3p^6\ \mathbf{4s^2}$$

em vez de

$$1s^2\ 2s^2 2p^6\ 3s^2 3p^6\ \mathbf{3d^2}.$$

Em termos práticos, essa ordem está relacionada com o efeito de blindagem mútua exercido pelos elétrons, que pode ser estimado por meio de algumas regras propostas por Slater. Essas regras consideram que:

- elétrons em orbitais *s* ou *p*, de um nível *n*, exercem efeitos mútuos de blindagem, por um fator de aproximadamente 0,35 (por elétron);
- elétrons mais internos, do nível n–1, atuam com um fator de 0,85; sendo que, para os demais elétrons dos níveis $<n-1$, o fator de blindagem é 1. Assim, para o átomo de cálcio, a carga efetiva sentida pelo elétron 4*s* é igual a

$$Z_{ef}(4s) = Z - \text{blindagem dos elétrons}$$
$$\{4s(\times 0{,}35),\ 3s^2 3p^6 (\times 0{,}85),\ 2s^2 2p^6 1s^2 (\times 1)\}$$

$$Z_{ef}(4s) = 20 - 1(0{,}35) - 8(0{,}85) - 10(1) =$$
$$21 - 17{,}15 = 2{,}85$$

- Para os elétrons *d* ou *f*, em virtude do menor número de regiões nodais, a distribuição se concentra na periferia do átomo. Assim, qualquer elétron mais interno, inclusive os do tipo *s* e *p*, do mesmo nível, passam a blindar com um fator unitário. Apenas os elétrons do mesmo nível *d* continuam com um fator de blindagem mútua, igual a 0,35.

Assim, para o átomo de cálcio, na configuração eletrônica alternativa, a carga efetiva sentida pelo elétron 3*d* seria de aproximadamente

$$Z_{ef}(3d) = 20 - 1(0{,}35) - 18(1) = 1{,}65$$

Portanto, a atração nuclear acaba favorecendo a entrada do elétron no orbital 4*s*, em vez do orbital 3*d*, apesar de possuir menor energia relativa.

A presença de vários elétrons em um átomo introduz um problema complexo a ser tratado; a questão da repulsão intereletrônica. Os elétrons, como partículas de carga negativa, sempre exercerão forças mutualmente repulsivas, fazendo com que se mantenham o mais afastado possível um do outro. Mesmo apresentando *spins* opostos, a colocação de dois elétrons em um mesmo orbital resulta em uma situação de alta repulsão e, portanto, desfavorável do ponto de vista energético. Assim, na colocação de dois elétrons em orbitais p deve-se evitar sua concentração em uma mesma região, ou orbitais, como no exemplo:

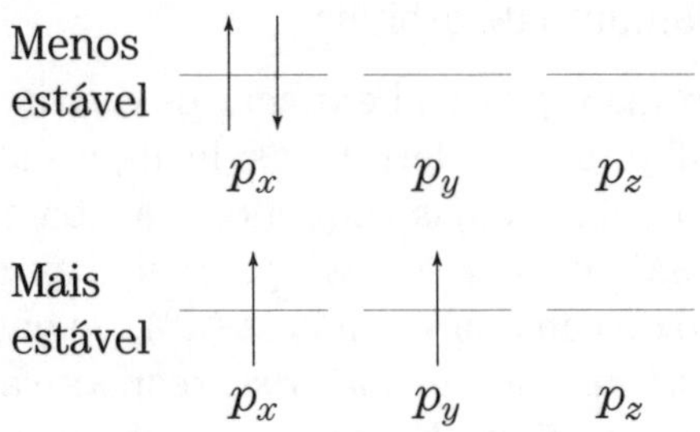

Por outro lado, a colocação de elétrons de mesmo *spin*, em orbitais equivalentes, permite efetuar a troca de posição entre os mesmos. Essa troca pode ser vista como uma forma de ampliar o espaço translacional do elétron, que passa a ter maior liberdade. Sob o ponto de vista energético, isso leva a uma maior estabilização do sistema. Assim, quanto maior o número de elétrons de mesmo *spin* em orbitais equivalentes, maior será o número de translações ou permutações possíveis, e mais estável será a configuração.

A contagem dos *spins* eletrônicos é expressa pela somatória dos *spins* individuais:

$$S = \Sigma s_i \qquad (3.10)$$

Pode-se definir ainda a multiplicidade de *spin*, como o número de possibilidades de *spin* resultantes, dada por $2S + 1$.

De acordo com os valores das multiplicidades de *spin* = 1, 2, 3, 4 etc., usam-se as designações singleto (ou simpleto), dubleto (ou dupleto), tripleto, quarteto, respectivamente.

A discussão apresentada pode ser resumida na chamada **Regra de Hund**, que confere maior estabilidade à configuração eletrônica com maior multiplicidade de *spin*, ou maior S.

Em virtude disso, as configurações de camada semicheia, como p^3, d^5 e f^7, com um elétron em cada orbital, são particularmente estáveis. As configurações de camada cheia, como p^6, d^{10} e f^{14}, por outro lado, são excepcionalmente estáveis. Embora nesses casos, $S = 0$, o raciocínio do número máximo de permutações ainda pode ser aplicado, pois cada metade do número de elétrons de mesmo *spin* passa a ter total liberdade translacional dentro do mesmo conjunto de orbitais.

Dessa forma é possível explicar os desvios observados paras as configurações eletrônicas de alguns átomos, como o crômio e o cobre, cujas sequências acabam terminando em $(n\text{–}1)d^5 ns^1$ ou $(n\text{–}1)d^{10} ns^1$, pois são mais estabilizados pela situação de camada semicheia (d^5), ou cheia (d^{10}), em vez de $(n\text{–}1)d^4 ns^2$ ou $(n\text{–}1)d^9 ns^2$, respectivamente, obtido no processo *aufbau*. Nesses casos, em particular,

Cr^o previsto: $3d^4\, 4s^2$ encontrado: $3d^5\, 4s^1$

Cu^o previsto: $3d^9\, 4s^2$ encontrado: $3d^{10}\, 4s^1$

CAPÍTULO 4

CLASSIFICAÇÃO PERIÓDICA DOS ELEMENTOS

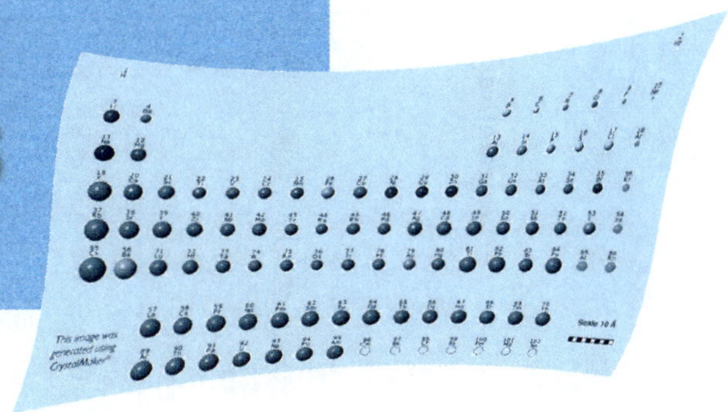

Em quase todo laboratório ou sala de aula de Química é possível encontrar uma Tabela Periódica dos Elementos (Tabela 4.1). Nessa tabela, os elementos com propriedades semelhantes estão alinhados em colunas, constituindo o que chamamos de famílias, sendo que as linhas horizontais representam os períodos.

O conceito de periodicidade já data de mais de dois séculos, existindo várias propostas, das quais a mais importante foi a de Dmitri Mendeleev (Figura 4.1), publicada em 1871, tendo como base a disposição dos elementos em 18 colunas, em linhas repetitivas, na sequência de seus pesos atômicos. A Tabela de Mendeleev destacou-se, na época, pela capacidade de previsão, deixando lacunas, reservadas para elementos ainda desconhecidos na época, como o gálio e o germânio, que só foram descobertos em 1875 e 1886, respectivamente.

A tabela periódica moderna (Tabela 4.1) é baseada nos números atômicos dos elementos, e se assemelha à de Mendeleev, em virtude do paralelismo existente entre os números atômicos e os pesos atômicos. A forma atual não é necessariamente a mais lógica, porém é compacta e funcional. Provavelmente, nesta era da mecânica quântica, uma

Tabela 4.1 – Classificação periódica moderna dos elementos

1	2	3	4	5	6	7	8	9	10	11	12	13	14	15	16	17	18
1 **H** 1,0079														***Representativos***			2 **He** 4,0026
3 **Li** 6,941	4 **Be** 9,0122						***Metais de transição***					5 **B** 10,811	6 **C** 12,010	7 **N** 14,006	8 **O** 15,999	9 **F** 18,998	10 **Ne** 20,180
11 **Na** 22,989	12 **Mg** 24.305											13 **Aℓ** 26,981	14 **Si** 28,085	15 **P** 30,973	16 **S** 32,066	17 **Cℓ** 35,453	18 **Ar** 39,948
19 **K** 39,098	20 **Ca** 40,078	21 **Sc** 44.956	22 **Ti** 47,867	23 **V** 50,941	24 **Cr** 51,996	25 **Mn** 54,938	26 **Fe** 55,845	27 **Co** 58,933	28 **Ni** 58,693	29 **Cu** 63,546	30 **Zn** 65,40	31 **Ga** 69,723	32 **Ge** 72,64	33 **As** 74,92	34 **Se** 78,96	35 **Br** 79,904	36 **Kr** 83,80
37 **Rb** 85.467	38 **Sr** 87,62	39 **Y** 88,905	40 **Zr** 91,224	41 **Nb** 96,906	42 **Mo** 95,94	43 **Tc** 98	44 **Ru** 101,07	45 **Rh** 102,90	46 **Pd** 106,42	47 **Ag** 107,86	48 **Cd** 112,41	49 **In** 114,81	50 **Sn** 118,71	51 **Sb** 121,76	52 **Te** 127,76	53 **I** 126,90	54 **Xe** 131,29
55 **Cs** 132,90	56 **Ba** 137,32	57-71 **La-Lu**	72 **Hf** 178,49	73 **Ta** 180,94	74 **W** 183,84	75 **Re** 186,20	76 **Os** 190,23	77 **Ir** 192,21	78 **Pt** 195,07	79 **Au** 196,96	80 **Hg** 200,59	81 **Tℓ** 204,38	82 **Pb** 207,21	83 **Bi** 208,98	84 **Po** 209	85 **At** 210	86 **Rn** 222
87 **Fr** 223	88 **Ra** 226	89-103 **Ac-Lr**	104 **Rf** 261	105 **Db** 262	106 **Sg** 266	107 **Bh** 264	108 **Hs** 277	109 **Mt** 268	110 **Ds** 271	111 **Rg** 272	112 **Cn**	113 **Nh**	114 **Fℓ**	115 **Mc**	116 **Lv**	117 **Ts**	118 **Og**
Lantanídios →		57 **La** 138,90	58 **Ce** 140,11	59 **Pr** 140,90	60 **Nd** 144,24	61 **Pm** 145	62 **Sm** 150,36	63 **Eu** 151,96	64 **Gd** 157,25	65 **Tb** 158,92	66 **Dy** 162,50	67 **Ho** 164,93	68 **Er** 167,26	69 **Tm** 168,93	70 **Yb** 173,04	71 **Lu** 174,96	
Actinídios →		89 **Ac** 227	90 **Th** 232,03	91 **Pa** 231,03	92 **U** 238,02	93 **Np** 237	94 **Pu** 244	95 **Am** 243	96 **Cm** 247	97 **Bk** 247	98 **Cf** 251	99 **Es** 252	100 **Fm** 257	101 **Md** 258	102 **No** 259	103 **Lr** 262	

Figura 4.1
Dmitri Ivanovitch Mendeleev nasceu em 1834, na Rússia. Com boa formação em Física, Química e Matemática, foi para Paris e Heildelberg, onde trabalhou com Bunsen e Kirchhof. Em 1869, reuniu os dados sobre os 63 elementos conhecidos na época, na esperança de descobrir alguma lógica que os interligasse. Para isso, resumiu as propriedades dos elementos em cartões e os afixou na parede seguindo a ordem dos seus pesos atômicos, levando em conta suas semelhanças. Assim, chegou a uma disposição na qual os elementos semelhantes ficavam alinhados, revelando a existência da periodicidade na Química. Algumas lacunas indicavam a existência de elementos desconhecidos, que acabaram sendo descobertos posteriormente. Mendeleev tornou-se, assim, o grande profeta da Química.
Morreu em 1907.

tabela como a proposta por Longuet-Higgins (Figura 4.2) expressaria melhor a organização dos elementos, refletindo suas configurações orbitais características.

Nessa tabela, podemos ver que os elementos podem ser agrupados em quatro grandes blocos, designados pela natureza dos orbitais mais externos, incluindo os incompletos, que servem de diferenciação (Tabela 4.2). Esses orbitais também são conhecidos como orbitais de valência, pois têm papel importante na formação das ligações químicas.

Bloco s	Bloco p	Bloco d	Bloco f
H He			
Li Be	B C N O F Ne		
Na Mg	Aℓ Si P S Cℓ Ar	Sc Ti V Cr Mn Fe Co Ni Cu Zn	
K Ca	Ga Ge As Se Br Kr	Y Zr Nb Mo Tc Ru Rh Pd Ag Cd	Ce Pr Nd Pm Sm Eu Gd Tb Dy Ho Er Tm Yb Lu
Rb Sr	In Sb Sb Te I Xe	La Hf Ta W Re Os Ir Pt Au Hg	Th Pa U Np Pu Am Cm Bk Cf Es Fm Md No Lr
Cs Ba	Tℓ Pb Bi Po At Rn		
Fr Ra			

Figura 4.2
Tabela Periódica de Longuet-Higgins.

Tabela 4.2 – Quatro grandes blocos da tabela periódica

Bloco	Configuração típica	Designação
s	ns^x	Elemento representativo
p	$n[s^2\,p^x]$	Elemento representativo
d	$(n\text{–}1)d^x ns^2$	Elemento de transição
f	$(n\text{–}2)f^x\,(n\text{–}1)[s^2\,p^6]\,ns^2$	Lantanídio/actinídio

Esses blocos também podem ser facilmente reconhecidos na tabela periódica convencional. Os elementos situados nos blocos **s** e **p** são classificados como **representativos**; os elementos dos blocos **d** constituem os **metais de transição** e os elementos do bloco **f** constituem os **lantanídios** (ou lantanoides) (4*f*) e **actinídios** (ou actinoides) (5*f*).

Os elementos dispostos em linhas horizontais na tabela periódica constituem os **períodos** e têm em comum, o mesmo número quântico principal para os orbitais de valência. Os elementos do primeiro período apresentam $n = 1$, os do segundo, $n = 2$ e assim por diante. Cada período constitui um ciclo, dentro do qual as propriedades refletem as características dos níveis de valência de mesmo n. A mudança de um período para outro, implica a mudança de n, com reflexos simultâneos nos níveis de energia e na expansão radial dos átomos.

Os elementos dispostos em linhas verticais constituem as **famílias**, e apresentam em comum, a mesma configuração eletrônica de valência, porém com diferentes números quânticos n. Como as propriedades químicas estão relacionadas com os elétrons de valência, os elementos de uma mesma família tendem a ser quimicamente semelhantes. Essa semelhança não deve ser tomada no sentido restrito, pois o comportamento químico depende de um número muito grande de fatores. Muitas vezes, as correlações se expressam melhor no sentido diagonal da tabela periódica, como reflexo da atração nuclear, já discutida no processo de construção da configuração (*aufbau*).

As famílias são atualmente designadas por nomes e números. Nas tabelas antigas se empregava um número romano seguido da letra A ou B, para designar um elemento representativo ou de transição, respectivamente.

Entre os elementos representativos podemos citar as seguintes famílias (Tabela 4.3)

Tabela 4.3 – Principais famílias dos elementos representativos

Família	Designação	Configuração	Descrição
1	Alcalinos	ns^1	Li, Na, K, Rb, Cs – metais moles, baixos pontos de fusão, muito reativos.
2	Alcalinoterrosos	ns^2	Be, Mg, Ca, Sr, Ba – metais, pontos de fusão pouco elevados, reativos.
13	Família do boro	ns^2np^1	B – semimetal, duro, alto ponto de fusão; Aℓ, Ga, In, Tℓ – metais, pontos de fusão intermediários, dureza e reatividade média.
14	Família do carbono	ns^2np^2	C – não metal, alto ponto de fusão; Si, Ge – semimetais, altos pontos de fusão; Sn, Pb – metais, moles, baixos pontos de fusão.
15	Família do nitrogênio	ns^2np^3	N, P – não metais, baixo ponto de fusão; As – semimetal; Sb, Bi – metais, moles.
16	Chalcogênios	ns^2np^4	O, S, Se – não metais; Te – semimetal; Po – metal radioativo.
17	Halogênios	ns^2np^5	F, Cℓ, Br, I – não metais; At – não metal, radioativo.
18	Gases nobres	ns^2np^6	He, Ne, Ar, Kr, Xe, Rn – não metais, gasosos, pouco reativos.

Os elementos de transição formam famílias de apenas 3 ou 4 elementos, e apresentam características metálicas. Uma família, em especial, merece ser destacada. Trata-se da composta pelos metais do grupo 8-10, também chamados metais do grupo da platina, que incluem nove elementos: Fe, Co, Ni, Ru, Rh, Pd, Os, Ir, Pt. Esse grupo é particularmente importante na química dos metais de transição, pelo grande número de compostos formados e pela participação em muitos processos catalíticos na indústria química.

Propriedades periódicas

As propriedades químicas dos elementos dependem de sua configuração e da facilidade com que perdem ou ganham elétrons, a qual é expressa pelo **potencial de ionização** e **afinidade eletrônica**, respectivamente. Pensando exclusivamente em termos da configuração eletrônica dos elementos, temos de levar em consideração um fato muito importante na Química, que é a grande estabilidade proporcionada pelas configurações de camada completa.

Para os elementos representativos, os orbitais s e p são os mais importantes, e as configurações mais estáveis são do tipo $ns^2\ np^6$, como é o caso dos gases nobres. Portanto, a estabilidade é alcançada com oito elétrons na camada de valência, também conhecida como **regra do octeto.** De acordo com isso, os elementos tendem a se comportar da seguinte maneira:

- Metais Alcalinos: configuração eletrônica s^1 – tendem a perder um elétron formando cátions monopositivos, por exemplo, Li^+, Na^+, com configuração $(n-1)[s^2\ p^6]$ completa.
- Metais Alcalinoterrosos: configuração eletrônica ns^2 – tendem a perder dois elétrons, formando cátions bipositivos, por exemplo, Mg^{2+}, Ca^{2+}, com configuração $(n-1)[s^2\ p^6]$ completa.
- Elementos da Família IIIA: configuração eletrônica $ns^2\ np^1$ – o boro, por ser semimetal, pode receber, por compartilhamento, até cinco elétrons, formando compostos em que apresenta configuração $ns^2\ np^6$. Os demais elementos (Aℓ, Ga, In e Tℓ) são metálicos, e tendem a perder três elétrons, formando íons tripositivos, por exemplo, $A\ell^{3+}$, $T\ell^{3+}$, com configuração $(n-1)[s^2\ p^6]$.
- Elementos da Família IVA: configuração eletrônica $ns^2\ np^2$ – o carbono, silício e o germânio, tendem a receber quatro elétrons, por compartilhamento, formando compostos em que apresentam configuração $ns^2\ np^6$. O estanho e o chumbo apresentam características metálicas, e podem perder dois ou quatro elétrons formando íons bi- ou tetrapositivos, com configuração ns^2 ou $(n-1)[s^2\ p^6]$.

- Elementos da Família VA: configuração eletrônica $ns^2\ np^3$ – o N, P e As tendem a receber três elétrons, formando compostos ou íons, em que apresentam configuração de camada cheia. O antimônio e o bismuto podem perder três elétrons, formando íons tripositivos, ou formar complexos, em que apresentam formalmente uma carga 5+, com configuração de camada cheia.
- Calcogênios: configuração $ns^2\ np^4$ – tendem a receber dois elétrons, formando compostos ou íons de camada cheia.
- Halogênios: configuração $ns^2\ np^5$ – tendem a receber um elétron, formando compostos ou íons de camada cheia.
- Gases nobres: configuração $ns^2\ np^6$ – são pouco reativos e já apresentam configuração de camada cheia.

Para os elementos de transição, temos de considerar a configuração eletrônica básica $(n-1)d^x\ ns^2$, e a tendência geral é perder dois elétrons, formando íons bipositivos com configuração de camada incompleta, $(n-1)d^x$. Dessa forma, os íons de metais de transição são particularmente reativos, podendo assimilar ou compartilhar elétrons até conseguir uma situação de camada cheia. A camada de valência apresentaria 18 elétrons, isto é, $(n-1)d^{10}\ ns^2\ np^6$. Esse fato é muito comum em compostos de metais de transição, e é conhecido como **regra dos 18 elétrons**. Ela foi proposta por Langmuir em 1921, ampliando o conceito de octeto de Lewis.

Os elementos lantanídios, cuja configuração é $(n-2)f^x$ $(n-1)[s^2\ p^6]\ ns^2$, tendem a perder três elétrons, formando íons tripositivos, de configuração $(n-2)f^{x-1}$ $(n-1)[s^2\ p^6]$. Os elétrons f pertencem ao nível $n-2$, que é interno. O nível mais externo nesses íons apresenta configuração de octeto completo $[s^2\ p^6]$. Por estarem escondidos, os orbitais f são menos efetivos na formação de ligações químicas, e o comportamento passa a ser ditado pelo nível mais externo, que é de camada cheia. Dessa forma, quimicamente, os íons lantanídios se correlacionam melhor com os metais representativos, do que com os elementos de transição.

Dentro de cada grupo ou família, a facilidade de perder ou ganhar elétrons não é a mesma, apesar das semelhanças nas configurações eletrônicas. Esses aspectos são expressos pelo potencial de ionização ou afinidade eletrônica, respectivamente, que podem ser definidos da seguinte maneira:

- Potencial de ionização = energia necessária para se remover um elétron de um átomo ou íon gasoso.
- Afinidade eletrônica = energia liberada, quando um átomo ou íon gasoso recebe um elétron.

Tanto o potencial de ionização como a afinidade eletrônica representam propriedades periódicas, cujo perfil de variação em função do número atômico se repete ao longo dos vários períodos, conforme pode ser visto na Figura 4.3.

Na realidade, a facilidade de perder ou ganhar elétrons constitui questões inter-relacionadas que dependem basicamente de dois pontos: a atração do núcleo pelos elétrons (atração nuclear) e a repulsão entre os elétrons (repulsão inter-eletrônica).

A atração nuclear, conforme já foi mencionado anteriormente, depende da natureza do elétron em consideração, bem como do número atômico e do raio. A carga nuclear que realmente atua sobre o elétron não é igual ao número atômico, mas, de fato, a carga efetiva que sobra quando se subtrai a contribuição do número de elétrons mais internos, também conhecido como efeito de blindagem. Esse efeito, também é influenciado pela presença de regiões nodais, que conferem maior capacidade de blindagem aos elétrons *s* e *p*, do que aos elétrons *d* e *f*, de mesmo nível.

Em um período, considerando que os elétrons têm o mesmo número quântico *n*, a blindagem exercida pelos elétrons internos é comparável, e a atração nuclear passa a crescer com o aumento da carga efetiva do núcleo, à medida que aumenta o número atômico. Esse fato é responsável por uma maior aproximação dos elétrons, levando a uma contração radial dos átomos, ao longo de um período, como pode ser visto na Figura 4.4, e a um aumento progressivo nos potenciais de ionizacão.

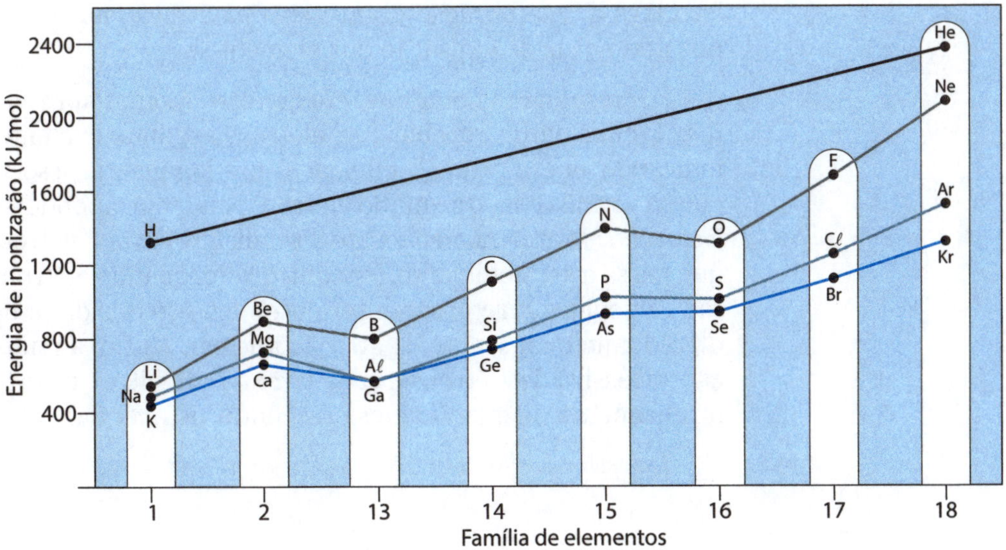

Figura 4.3
Variações nos potenciais de ionização para as diversas famílias de elementos representativos.

Em uma família, a carga nuclear efetiva varia pouco, visto que o aumento do número atômico é compensado pelo aumento do número de elétrons mais internos. Por outro lado, há um aumento dos raios atômicos, em função da expansão radial dos níveis com o número quântico n.

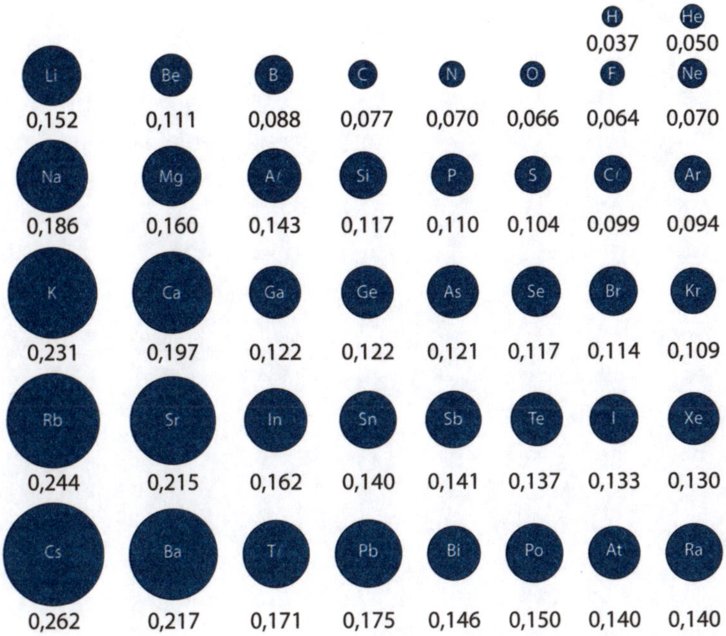

Figura 4.4
Variação dos raios atômicos dos elementos em *nm* (10^{-9} m).

Isso leva a uma redução progressiva na atração nuclear, e nos potenciais de ionização dos elementos.

É interessante notar que, em geral, os átomos apresentam tendência de receber um elétron, espontaneamente, indicando que a atração nuclear é predominante. Isso já não se verifica com o segundo elétron, pois, contrapondo-se à atração elétron–núcleo existe a repulsão elétron–elétron, que passa a ser dominante. Por outro lado, quando elétrons são removidos a repulsão intereletrônica é reduzida, e há o predomínio crescente da atração nuclear. Assim, a remoção sucessiva de elétrons é cada vez mais difícil, exigindo o fornecimento de quantidades crescentes de energia.

CAPÍTULO 5

ESTRUTURA MOLECULAR E LIGAÇÃO QUÍMICA

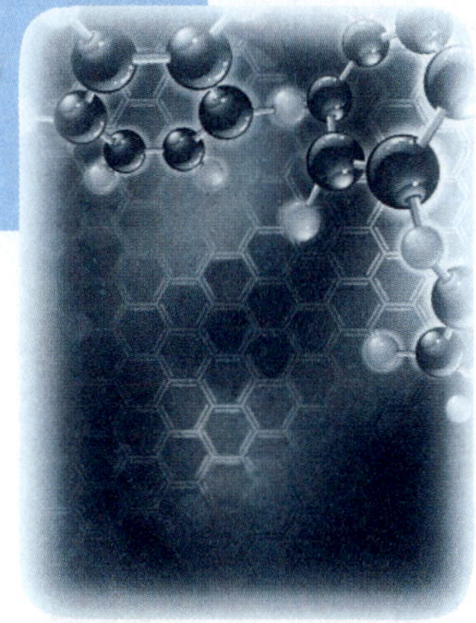

O meio material ao nosso redor reflete os diversos modos pelos quais os átomos se ligam para formar compostos. Por isso, as ligações químicas representam um assunto de fundamental importância, e seu conhecimento é essencial para um melhor entendimento da constituição e das transformações que ocorrem em nosso mundo. Algumas substâncias (alimentos e combustíveis) fornecem energia mediante a quebra de ligações químicas; outras interagem, dando origem a novos compostos, ou levam à dissolução de resíduos por meio da formação de novas ligações (solventes e detergentes). Dessa forma, um número ilimitado de compostos participa do nosso dia a dia, das mais variadas formas.

As teorias atuais sobre ligação química foram, em grande parte, inspiradas na ideia da união por meio de pares de elétrons, proposta por G. N. Lewis (Figura 5.1) em 1916, logo após o lançamento da teoria de Bohr.

Na concepção de Lewis, os dois elétrons da ligação são atraídos eletrostaticamente por cada núcleo atômico e, dessa forma, são compartilhados por eles. A ligação é representada por meio de dois pontos, que seriam os elétrons, colocados entre os símbolos dos elementos.

Figura 5.1
Gilbert Newton Lewis nasceu em Massachusetts, em 1875. Graduado e doutorado pela Universidade de Harvard, fez sua carreira acadêmica na Universidade da Califórnia, em Berkeley. Com sua proposta de ligação por meio de pares eletrônicos, teve enorme influência no desenvolvimento da Química. Dedicou-se ao estudo da termodinâmica, da estrutura atômica e das ligações químicas, além da teoria sobre ácidos e bases, revelando-se um pesquisador muito produtivo e um professor altamente competente. Morreu em 1946.

$$H\bullet + \bullet H \rightarrow H\bullet\bullet H \quad (5.1)$$

Os pontos são interligados por um traço, para indicar uma ligação:

$$H—H$$

Associado a esse modelo de ligação está a **Teoria do Octeto**. Segundo Lewis, os elétrons devem estar dispostos ao redor do núcleo de tal forma que a repulsão intereletrônica seja minimizada, e que o número máximo seja igual a oito, com exceção dos elementos do primeiro período (H, He), em que o número máximo é dois. O octeto de Lewis, na realidade, expressa a disposição espacial de um cubo, pois é a geometria que conduz à menor repulsão entre os elétrons. Esse modelo foi aperfeiçoado mais tarde por Linnett. O cubo de elétrons seria uma espécie de descrição instantânea dos elétrons mais externos do átomo. Com o movimento dos elétrons, a disposição cúbica acaba se confundindo com uma distribuição esférica ao redor do núcleo. O octeto foi representado por Walther Kossel como 8 elétrons dispostos em um círculo, como ilustrado a seguir, em comparação com a proposta de Lewis. As duas notações acabaram convergindo, com o tempo, para uma representação por meio de pares de elétrons ao redor do símbolo do elemento.

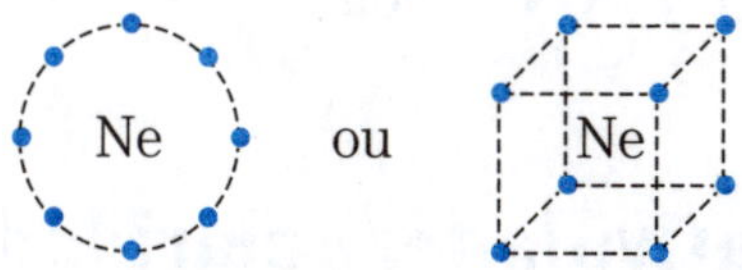

(5.2)

O átomo de flúor apresenta sete elétrons na última camada e pode compartilhar um elétron com outro átomo de flúor, ou de hidrogênio, completando o octeto.

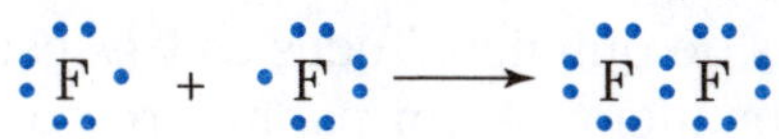

(5.3)

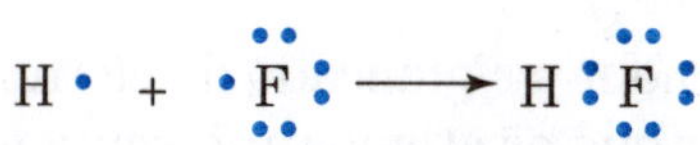

(5.4)

O modelo estrutural de Lewis é muito útil, pela sua simplicidade. Para a construção das fórmulas estruturais de Lewis, é interessante começar pela contagem do número de elétrons da camada de valência do átomo central, e distribuir os elétrons de forma a provocar o emparelhamento com os elétrons dos átomos vizinhos. No caso de moléculas simétricas, basta contar o número total de elétrons de valência e comparar com o número necessário para a obtenção de octetos (ou duetos). A diferença corresponde ao número de elétrons a serem compartilhados, formando ligações.

Por exemplo, na molécula de nitrogênio, N_2, existem $5 + 5 = 10$ elétrons. Para obter dois octetos, seriam necessários $2 \times 8 = 16$ elétrons. A diferença, $16 - 10 = 6$ corresponde ao compartilhamento de seis elétrons entre os dois átomos, o que equivale à formação de uma ligação tripla, isto é, com três pares de elétrons:

(5.5)

Na molécula de gás carbônico, CO_2, existem $4 + 6 + 6 = 16$ elétrons na camada de valência. O número de elétrons compartilhados será $3 \times 8 - 16 = 8$. Como a molécula é simétrica, cada ligação entre carbono e oxigênio envolverá quatro elétrons, ou uma ligação dupla:

$$:\underset{\cdot\cdot}{\mathrm{O}}::\mathrm{C}::\overset{\cdot\cdot}{\mathrm{O}}: \quad \text{ou} \quad :\underset{\cdot\cdot}{\mathrm{O}}=\mathrm{C}=\overset{\cdot\cdot}{\mathrm{O}}: \qquad (5.6)$$

Eletronegatividade, polaridade, distâncias e energias de ligação

A ligação química apresenta três características importantes: polaridade, distância e energia. Essas características podem ser avaliadas experimentalmente e fazem parte do banco de dados do químico. Todas as três estão relacionadas entre si por meio de um parâmetro conhecido como eletronegatividade, introduzido por Pauling (Figura 5.2).

Para se entender o significado da eletronegatividade, é importante notar que os átomos apresentam uma afinidade residual por elétrons, ou seja, mesmo com a carga protônica contrabalançada pela carga dos elétrons, quando um elétron adicional se aproxima do átomo, ele ainda será atraído por seu núcleo. Essa afinidade residual faz com que os átomos se combinem, formando ligações químicas entre si. Os elétrons de ligação são atraídos simultaneamente pelas cargas efetivas dos dois núcleos; porém poderão ficar mais próximos de um deles, dependendo do poder relativo de atração de cada um deles.

A carga nuclear efetiva que atua sobre um elétron é igual à carga nuclear total (número de prótons ou número atômico) menos a blindagem exercida pelos elétrons mais internos, a qual pode ser calculada teoricamente. Dessa forma, o elétron de ligação sofre a atração de uma carga positiva bem menor que a expressa pelo número atômico.

A força de atração exercida pela carga nuclear efetiva de um átomo sobre o elétron de ligação é uma das várias maneiras de se expressar o conceito de **eletronegatividade**. A equação de eletronegatividade, X, proposta por Allred-Rochow é a seguinte:

$$X = \text{eletronegatividade} = \frac{Z_{\text{efetiva}} \cdot e^2}{r_{\text{cov}}^2} \qquad (5.7)$$

Figura 5.2
Linus Carl Pauling, considerado o maior químico do último século, nasceu em Oregon, em 1901. Doutorou-se em Química pelo Instituto de Tecnologia da Califórnia (Caltech) em 1925, indo trabalhar posteriormente com Erwin Schrödinger e Niels Bohr na Europa. De volta, foi contratado como professor na Caltech. Contribuiu com muitos trabalhos fundamentais sobre ligação química, sendo mais conhecido pelo seu livro *The nature of the chemical bond*, com o qual influenciou várias gerações de cientistas. Ganhou o Prêmio Nobel de Química em 1954. Depois, com o fim da Segunda Guerra Mundial, usou toda sua projeção para combater o uso das armas nucleares, conquistando o segundo Prêmio Nobel (da Paz) em 1963. Seu interesse científico era muito amplo, indo desde a Física até a Biologia molecular. Na última fase de sua carreira, dedicou-se à medicina ortomolecular, tornando-se conhecido pelo seu posicionamento polêmico a favor do uso de grandes doses de vitamina C na prevenção de doenças como o câncer. Morreu em 1994.

onde, $Z_{efetiva}$ = carga nuclear efetiva que atua sobre o elétron da ligação, e = unidade de carga, r_{cov} = raio de covalência, disponível em tabelas. O cálculo da carga nuclear efetiva pode ser feita de acordo com as regras já descritas no Capítulo 2.

O raio de covalência correspondente à metade da distância de ligação simples entre dois átomos idênticos. Assim, considerando que a distância de ligação na molécula de cloro ($C\ell_2$) é igual a 0,180 nm, o raio de covalência para o elemento será 0,180/2 = 0,090 nm. Quando o elemento participa de um grande número de compostos, como é o caso do carbono, o raio de covalência é baseado no valor médio das várias distâncias C—C encontradas experimentalmente.

Apesar de a interpretação da eletronegatividade em termos de força de atração ser bastante didática, o conceito surgiu, historicamente, baseado na comparação das energias de ligação simples entre átomos iguais e átomos diferentes. As energias de ligação (E) representam as energias liberadas na combinação dos átomos. O inverso constitui a energia de dissociação (D). Por exemplo,

$$H_2 \rightarrow 2H\bullet \qquad D = 435\ \text{kJ mol}^{-1}. \qquad (5.8)$$

Experimentalmente é mais fácil medir energias de dissociação. As tabelas frequentemente compilam energias de dissociação com o rótulo de energias de ligação; dessa forma o leitor deve utilizar o sinal correto, quando necessário.

As energias de dissociação compiladas na Tabela 5.1 representam valores médios extraídos de uma série de compostos típicos.

Tabela 5.1 — Energias de dissociação de ligações covalentes simples ($kJ\ mol^{-1}$)

	H	C	N	O	F	Si	P	S	Cℓ	Br	I	Ge	As
H	435												
C	414	347											
N	389	305	167										
O	464	351	200	138									
F	564	489	276	184	154								
Si	318	318	326	452	564	221							
P	314	263	209	334	489	213	213						
S	368	272	205	268	284	226	230	213					
Cℓ	430	326	192	205	255	380	326	255	242				
Br	368	242	242	209	255	309	263	213	217	192			
I	297	238	175	200	372	213	184	180	209	180	150		
Ge	230	305	309	435	594	205	209	247	338	276	213	192	
As	297	247	163	360	464	184	180	200	242	242	180	171	146

Quando os átomos A e B são semelhantes, a energia da ligação E_{AB} pode ser estimada com base na média aritmética das energias das ligações A—A e B—B, isto é:

$$E_{AB} = \frac{(E_{AA} + E_{BB})}{2} \qquad (5.9)$$

Quando isso não se verifica, a diferença (Δ) entre o valor experimental e o valor médio expressa uma desigualdade entre os átomos, em termos de suas eletronegatividades.

$$\Delta = E_{AB} - \frac{(E_{AA} + E_{BB})}{2} \qquad (5.10)$$

O valor de Δ é sempre positivo, refletindo um componente adicional de energia, em razão da maior atração exercida por um dos átomos pelos elétrons de ligação. Com base nessa ideia, Linus Pauling introduziu pela primeira vez o conceito de eletronegatividade relativa dos átomos, χ_A e χ_B, expressando-o da seguinte forma:

$$\chi_A - \chi_B = \Delta^{1/2} \qquad (5.11)$$

O flúor é o elemento mais eletronegativo, e serve como referência, com um valor de χ_F = 4,00. Dessa forma, Pauling estabeleceu uma escala de eletronegatividade que tem sido usada de forma sistemática até hoje (Tabela 5.2).

É importante notar que a eletronegatividade constitui uma propriedade do átomo isolado, e expressa sua tendência de atrair elétrons em uma ligação. Quando dois átomos se aproximam para formar uma ligação, o átomo mais eletronegativo atrairá para si o elétron da ligação, provocando um efeito de polarização, gerando dipolos. As distâncias interatômicas se ajustam até atingir um equilíbrio de forças, ou uma equalização das eletronegatividades efetivas. Quando esse equilíbrio não é possível, como é o caso de átomos com muita diferença de eletronegatividade (>2), os elétrons de ligação acabam sendo transferidos por completo para o átomo mais eletronegativo, formando cátion e ânion que se mantêm unidos por atração eletrostática. A ligação, nesse caso, adquire um caráter predominantemente iônico.

Tabela 5.2 — Eletronegatividade dos elementos na escala de Pauling

1	2	3	4	5	6	7	8	9	10	11	12	13	14	15	16	17
H 2,1																
Li 1,0	Be 1,5											B 2,0	C 2,5	N 3,0	O 3,5	F 4,0
Na 1,0	Mg 1,2											Aℓ 1,5	Si 1,8	P 2,1	S 2,5	Cℓ 3,0
K 0,9	Ca 1,0	Sc 1,3	Ti 1,4	V 1,5	Cr 1,6	Mn 1,6	Fe 1,7	Co 1,7	Ni 1,8	Cu 1,8	Zn 1,6	Ga 1,7	Ge 1,9	As 2,1	Se 2,4	Br 2,8
Rb 0,9	Sr 1,0	Y 1,2	Zr 1,3	Nb 1,5	Mo 1,6	Tc 1,7	Ru 1,8	Rh 1,8	Pd 1,8	Ag 1,6	Cd 1,6	In 1,6	Sn 1,8	Sb 1,9	Te 2,1	I 2,5
Cs 0,8	Ba 1,0	La 1,1	Hf 1,3	Ta 1,4	W 1,5	Re 1,7	Os 1,9	Ir 1,9	Pt 1,8	Au 1,9	Hg 1,7	Tℓ 1,6	Pb 1,7	Bi 1,8	Po 1,9	At 2,1
Fr 0,8	Ra 1,0	Ac 1,1														
			Ce 1,1	Pr 1,1	Nd 1,1	Pm 1,1	Sm 1,1	Eu 1,1	Gd 1,1	Tb 1,1	Dy 1,1	Ho 1,1	Er 1,1	Tm 1,1	Yb 1,0	Lu 1,2
			Th 1,2	Pa 1,3	U 1,5	Np 1,3	Pu 1,3	Am 1,3	Cm 1,3	Bk 1,3	Cf 1,3	Es 1,3	Fm 1,3	Md 1,3	No 1,3	Lr 1,5

Abordagem quântica da ligação química

O modelo de Lewis é muito útil na descrição qualitativa das ligações químicas. Porém, quando se quer discutir questões energéticas, geometrias ou aspectos de natureza espectroscópica e magnética, esse modelo se torna deficiente, e temos de lançar mão de teorias quânticas, que têm como ponto de partida a ligação química por meio de orbitais.

Considerando que os elétrons estão localizados em orbitais atômicos, é natural supor que quando dois átomos se combinam, o compartilhamento eletrônico se dá pela união dos orbitais que estão interagindo, como mostrado no esquema.

Os dois orbitais atômicos são representados pelas funções de onda ψ_A e ψ_B. Como tal, a combinação dos orbitais se assemelha à superposição de funções de onda com mesmo sinal (ou em fase) ou com sinais contrários (fases invertidas). O resultado dessa combinação de orbitais atômicos é a formação de novos orbitais estendidos sobre os dois átomos, que são denominados orbitais moleculares. Porém, não se trata de mera superposição de orbitais. A combinação produz um reforço na densidade eletrônica na região que fica entre os núcleos, como uma "cola" que os mantém unidos, estabelecendo, dessa forma, uma ligação química. Essas ideias constituem a base da Teoria dos Orbitais Moleculares, desenvolvida por R. S. Mulliken (Figura 5.3), em 1932.

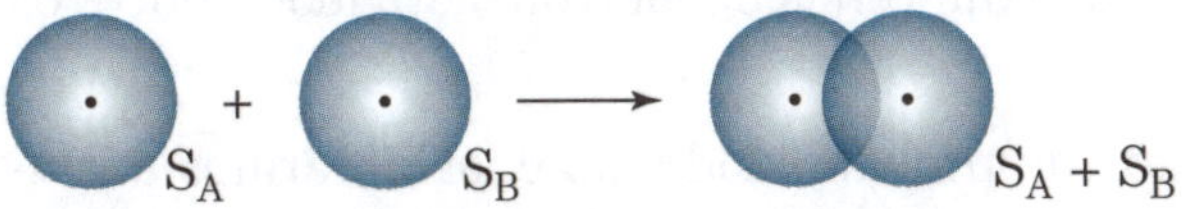

(5.12)

O orbital molecular relativo a uma molécula AB pode ser descrito por uma função de onda do tipo ψ_{AB} formada pela combinação linear (soma ou diferença) dos orbitais atômicos localizados em A e B, respectivamente. No caso mais simples envolvendo apenas dois orbitais ψ_A e ψ_B,

$$\psi_{AB} = c_A\psi_A + c_B\psi_B. \tag{5.13}$$

Figura 5.3
Robert Sanderson Mulliken nasceu em Massachusetts, em 1896. Graduou-se em 1917 no Massachusetts Institute of Technology, e doutorou-se em 1921 pela Universidade de Chicago, onde foi professor de Física e de Química. Dedicou sua vida ao estudo das teorias de ligação e estrutura molecular, utilizando a mecânica quântica e a combinação dos orbitais atômicos para formalizar a teoria dos orbitais moleculares. Recebeu o Prêmio Nobel de Química em 1966. Morreu em 1986.

A combinação desses orbitais pode ocorrer em proporções variáveis, expressas pelos coeficientes c_A e c_B. Quando os orbitais são equivalentes, como é o caso da molécula de H_2, esses coeficientes são iguais, isto é, $c_A = c_B$.

Esses coeficientes diferem cada vez mais à medida que aumenta a diferença de energia entre os orbitais, assim como a distância física entre eles. Quando $c_A \gg c_B$, a participação do orbital ψ_A é dominante. Isso equivale a dizer que os elétrons não são compartilhados equitativamente, podendo ficar a maior parte do tempo em A ou em B, conforme os valores relativos de c_A e c_B. Esse ponto está relacionado com a diferença de eletronegatividade entre os elementos.

Em termos de probabilidade, ao considerarmos a função do orbital molecular da molécula do hidrogênio, elevada ao quadrado, teremos:

$$\psi_{AB}^2 = (\psi_A \pm \psi_B)^2 = (\psi_A^2 + \psi_B^2 \pm 2\psi_A\psi_B). \quad (5.14)$$

Para dar um sentido espacial, essa expressão teria de ser integrada no espaço físico. Minimizando o simbolismo matemático para simplificar o raciocínio, podemos ver que o quadrado da função de onda do orbital molecular define não apenas as regiões de probabilidade em torno do átomo A e B, expressas por ψ_A^2 e ψ_B^2, como ainda por uma região de densidade eletrônica entre os núcleos, expressa por pelo termo $\pm 2\psi_A\psi_B$.

A forma integrada pode ser expressa na notação matemática convencional com o símbolo $\int$, ou por meio da notação $<|>$ introduzida por Dirac.

$$\int_{x,y,z} \psi_A\psi_A dxdydz = <\psi_A | \psi_A> = 1 \quad (5.15)$$

$$\int_{x,y,z} \psi_B\psi_B dxdydz = <\psi_B | \psi_B> = 1. \quad (5.16)$$

Essas duas expressões têm um valor unitário, pois nos orbitais isolados ψ_A e ψ_B a probabilidade é unitária. Essa condição é conhecida como normalização da função de onda. Já a integral entre ψ_A e ψ_B é dada por

$$\int_{x,y,z} \psi_A\psi_B dxdydz = <\psi_A | \psi_B> = S_{AB}. \quad (5.17)$$

S_{AB} é conhecida como integral de recobrimento orbital, e tem uma importância muito grande na formação de uma ligação química. Ela expressa a superposição matemática de dois orbitais no espaço, e será unitária, sempre que ψ_A for igual a ψ_B (condição de normalização). Quando ψ_A e ψ_B forem diferentes, se S_{AB} for diferente de zero, isso significa que existe uma interação entre os dois orbitais. Entretanto, por ser uma expressão matemática, S_{AB} pode ter um valor nulo. Isso acontece principalmente quando as duas funções de onda não têm simetria apropriada, tal que na integração matemática acabam se anulando. Funções desse tipo são ditas ortogonais, e pode coexistir na mesma região do espaço sem que se misturem.

Por outro lado, o sinal da função de onda estabelece que, quando for positivo (combinação pela soma), ocorrerá um reforço na região internuclear, expresso por $2S_{AB}$, aumentando assim a densidade eletrônica entre os núcleos, e promovendo a formação da ligação química, como mostrado anteriormente. Porém, se o S_{AB} for precedido por um sinal negativo (combinação por diferença), o efeito será contrário, e a densidade eletrônica na região entre A e B será reduzida, aumentando a instabilidade em razão da repulsão entre os núcleos, como no esquema.

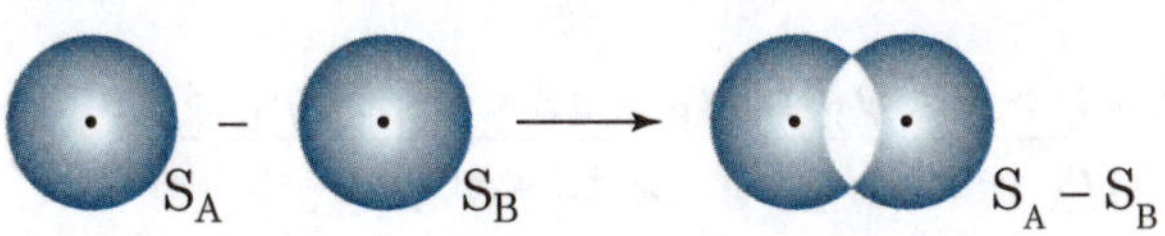

(5.18)

Na construção da equação de Schrödinger para uma molécula do tipo AB, a descrição da energia deverá incluir três tipos de interações: a) a contribuição da energia cinética, ou de movimento, do elétron; b) a atração dos núcleos de A e de B pelos elétrons de ligação; e c) a repulsão internuclear, em razão das cargas positivas nos núcleos, isto é

$$\mathbf{H}\psi_{AB} = E\psi_{AB} \tag{5.19}$$

onde,

$$\mathbf{H} = \Sigma\mathbf{H}_{\text{energia cinética}} + \Sigma\mathbf{H}_{\text{energia potencial}} + \Sigma\mathbf{H}_{\text{repulsão internuclear}}. \tag{5.20}$$

Para resolver a equação de Schrödinger, faz-se a multiplicação de ambos os lados por ψ_{AB},

$$\psi_{AB}\mathbf{H}\psi_{AB} = \psi_{AB}\, E\psi_{AB} \tag{5.21}$$

e depois a integração matemática:

$$\int_{xyz}(\psi_{AB}\,\mathbf{H}\psi_{AB})dxdydz = \int_{xyz}(\psi_{AB}\,E\psi_{AB})dxdydz. \quad (5.22)$$

Normalmente, essas integrais são substituídas pela notação de Dirac correspondente:

$$\int_{xyz}(\psi_{AB}\,\mathbf{H}\psi_{AB})dxdydz = \langle\psi_{AB}|\mathbf{H}|\psi_{AB}\rangle \quad (5.23)$$

$$\int_{xyz}(\psi_{AB}\,\mathbf{H}\psi_{AB})dxdydz = E\langle\psi_{AB}|\psi_{AB}\rangle. \quad (5.24)$$

Ao contrário de **H** que é a expressão matemática do operador Hamiltoniano, E é apenas um número, e, dessa forma, pode ser extraído da integral. Assim, a equação de Schrödinger pode ser escrita da seguinte maneira:

$$\langle\psi_{AB}|\mathbf{H}|\psi_{AB}\rangle = E\langle\psi_{AB}|AB\rangle. \quad (5.25)$$

Essa equação pode ser expandida, introduzindo $\psi_{AB} = \psi_A \pm \psi_B$.

$$\langle\psi_A \pm \psi_B|\mathbf{H}|\psi_A \pm \psi_B\rangle = E\langle\psi_A \pm \psi_B|\psi_A \pm \psi_B\rangle \quad (5.26)$$

ou

$$E = \frac{\langle\psi_A|\mathbf{H}|\psi_A\rangle + \langle\psi_B|\mathbf{H}|\psi_B\rangle \pm 2\langle\psi_A|\mathbf{H}|\psi_B\rangle}{\langle\psi_A|\psi_A\rangle + \langle\psi_B|\psi_B\rangle \pm 2\langle\psi_A|\psi_B\rangle} \quad (5.27)$$

onde,

$\langle\psi_A|\mathbf{H}|\psi_A\rangle = H_{AA}$ = corresponde à energia do elétron no orbital ψ_A

$\langle\psi_B|\mathbf{H}|\psi_B\rangle = H_{BB}$ = corresponde à energia do elétron no orbital ψ_B

$\langle\psi_A|\mathbf{H}|\psi_B\rangle = H_{AB}$ = corresponde à energia de ressonância, responsável pela formação da ligação química.

$\langle\psi_A|\psi_A\rangle = \langle\psi_B|\psi_B\rangle = 1$ (condição de normalização, que limita a probabilidade máxima como sendo unitária)

Portanto, a energia de uma molécula AB fica igual a

$$E = \frac{H_{AA} + H_{BB} \pm 2H_{AB}}{1 + 1 + 2S_{AB}}. \quad (5.28)$$

A equação de Schrödinger para um orbital molecular pode ser tratada com vários graus de profundidade, utilizando programas computacionais que têm evoluído continuamente. Existem vários programas executáveis em computadores pessoais, que podem ser usados por estudantes de cursos introdutórios de Química.

A solução da equação de Schrödinger conduz a dois valores de energia, E^+ e E^-, associados às combinações por soma ou diferença dos orbitais atômicos.

$$E = \frac{H_{AA} \pm H_{AB}}{1 + S_{AB}} \tag{5.29}$$

A solução E^+, que tem menor energia, refere-se à combinação dos orbitais atômicos, com o mesmo sinal. O orbital molecular formado é denominado ligante, pois leva à estabilização da molécula. O fator de estabilização é aproximadamente igual à energia de ressonância, H_{AB}, pois o valor da integral de recobrimento orbital, S_{AB}, é geralmente bem menor do que 1. Por ter menor energia, essa função descreve o estado fundamental da molécula AB.

A solução E^-, refere-se à combinação dos orbitais atômicos, com sinais opostos, produzindo um orbital molecular de maior energia, denominado antiligante. Esse orbital molecular descreve a molécula no estado excitado, e isso é indicado por meio de um asterisco (*).

Uma imagem ilustrativa desses orbitais pode ser visto na Figura 5.4

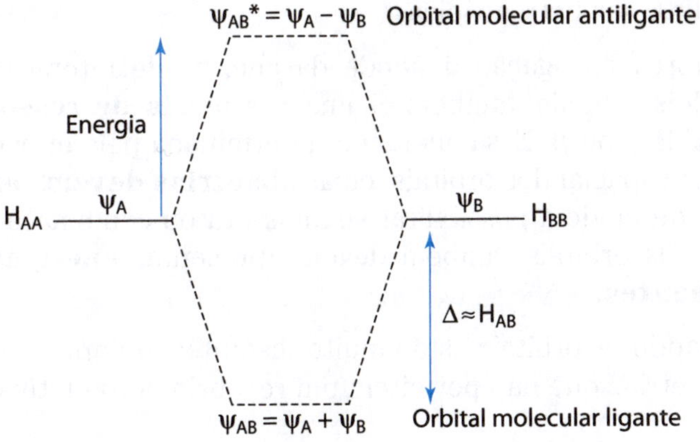

Figura 5.4 Diagrama de orbitais moleculares para uma molécula do tipo H_2^+.

O diagrama de energia dos orbitais moleculares da Figura 5.4 mostra que a formação da ligação química está relacionada com a estabilização proporcionada pelo preenchimento do orbital ligante. Quando colocamos elétrons nos orbitais antiligantes, estamos diminuindo essa estabilização.

Não se trata de uma simples questão de sinal. A combinação por soma leva a um reforço na densidade eletrônica entre os núcleos, de forma que os elétrons possam promover uma aproximação dos núcleos, resultando em uma ligação. Por outro lado, a combinação por diferença desloca a densidade eletrônica da região internuclear para extremidades opostas, deixando os núcleos atômicos expostos a uma interação fortemente repulsiva. A ocupação desse orbital por elétrons favorece a quebra da ligação na molécula.

A teoria dos orbitais moleculares permite expressar a ordem da ligação da seguinte forma:

$$\text{ordem da ligação} = \sum(\text{elétrons ligantes} - \text{elétrons antiligantes})/2. \quad (5.30)$$

Assim, na molécula de H_2, como só existem dois elétrons em orbitais ligantes, a ordem da ligação será 1, ou seja, equivalente a uma ligação simples.

No caso de uma molécula hipotética de He_2, teríamos dois elétrons ligantes e dois antiligantes. Portanto, a ordem de ligação será nula. De fato, o He é um gás nobre e não forma moléculas estáveis. Contudo, a teoria prevê que a molécula-ion He_2^+ pode existir, pois apresenta uma ordem de ligação 1/2. O mesmo se aplica à molécula-íon H_2^+. De fato, em concordância com a teoria, essas espécies têm sido detectadas e caracterizadas em laboratório, por meio de medidas espectroscópicas.

A força da ligação depende da energia de interação entre dois orbitais, também chamada **energia de ressonância**, H_{AB} ou β. Essa energia é determinada pelo entrosamento espacial dos orbitais, cujas **simetrias devem ser iguais**, de modo a possibilitar sua mistura ou combinação efetiva. Os orbitais também devem apresentar **energias semelhantes**.

Quando os orbitais estão muito distantes, ou apresentam simetrias que não permitem um recobrimento efetivo, ou têm energias muito diferentes, sua interação é reduzida. Nesses casos, faz uso de uma aproximação, conhecida como teoria de perturbação. De acordo com essa teoria, o orbital molecular ψ_{AB} (correspondente ao estado fundamental) pode ser escrito como sendo formado por ψ_A com uma ligeira perturbação (λ_B) introduzida por ψ_B, isto é

$$\psi_{AB} = \psi_A + \lambda_B\psi_B \quad (\lambda_B \ll 1). \tag{5.31}$$

No estado excitado, o orbital molecular fica dado por:

$$\psi_{AB}^* = \psi_B - \lambda_A\psi_A \quad (\lambda_A \ll 1). \tag{5.32}$$

Portanto, no estado excitado, o orbital molecular tem maior contribuição ou caráter de ψ_B, e incorpora uma perturbação introduzida por ψ_A.

O diagrama de orbitais moleculares correspondentes está ilustrado na Figura 5.5.

Um ponto importante a ser considerado é que a energia de estabilização do orbital molecular ligante dependerá da integral de ressonância ao quadrado (H_{AB}^2), dividido pela diferença de energia entre os orbitais ψ_B e ψ_A, ou seja, ($H_{BB} - H_{AA}$). Esses orbitais, envolvidos na formação da ligação química, também são chamados orbitais de fronteira. Geralmente o de menor energia encontra-se total ou parcialmente preenchido por elétrons, sendo o orbital doador. O orbital de maior energia deve estar vazio, para poder receber os elétrons do orbital doador. É, portanto, orbital receptor. Quanto maior for a diferença de energia

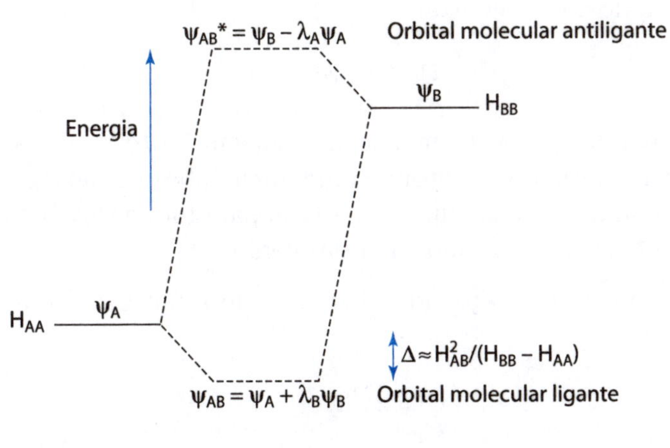

Figura 5.5
Diagrama de orbitais moleculares para uma molécula AB envolvendo orbitais de diferentes energias.

entre esses dois orbitais de fronteira, menor será a estabilização do orbital molecular formado e, portanto, mais fraca será a ligação química. Além da energia, outro ponto a ser considerado é a simetria do orbital, como será abordado posteriormente.

Ligações químicas em moléculas poliatômicas

A descrição das ligações em moléculas com muitos átomos por meio dos orbitais moleculares pode ser muito completa, porém ao mesmo tempo difícil de ser visualizada e trabalhada sem o uso de recursos computacionais. Uma alternativa desenvolvida por Linus Pauling consiste em selecionar os orbitais envolvidos e adaptá-los para a formação de ligações, por meio de hibridizações e rearranjos eletrônicos. Esse procedimento focaliza essencialmente os orbitais de valência, e é mais facilmente executado, sendo conhecido como **Teoria da Ligação de Valência**.

A hibridização dos orbitais é um recurso muito útil, pois permite gerar novos orbitais a partir da combinação de orbitais centrados em um mesmo átomo, possuindo orientação mais adequada, ou compatível, com a geometria da molécula. Os principais tipos de hibridização podem ser vistos na Figura 5.6.

Na formação de ligações, considera-se primeiro o átomo central com seus orbitais de valência. Por exemplo, na molécula de CH_4 (metano), a configuração da camada de valência do átomo central é

$$C = 2s^2 2p^2.$$

Sabendo que a geometria da molécula é tetraédrica, temos de preparar o átomo para uma hibridização sp^3, mantendo um elétron em cada orbital para formar ligações covalentes com os átomos de hidrogênio.

Esse estado preparado corresponde a um estado hipotético:

$$C^* = 2s^1 2p^3.$$

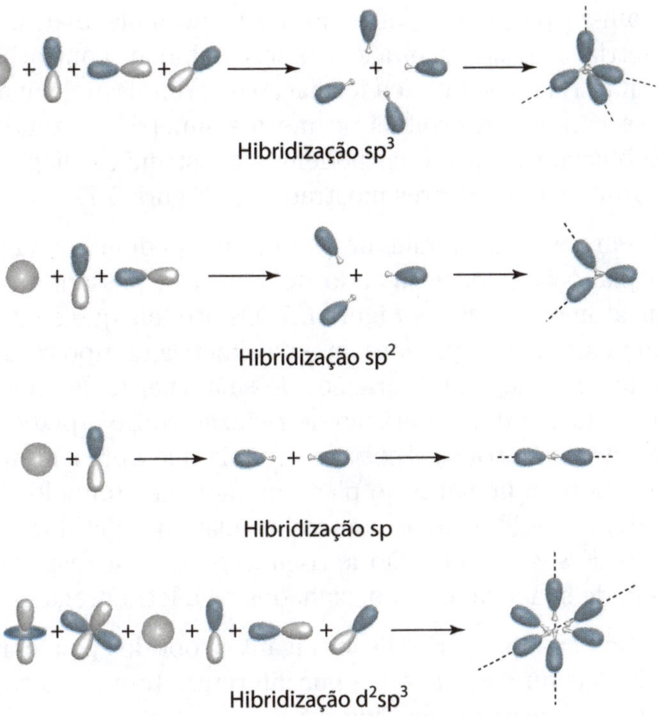

Figura 5.6 Orbitais híbridos e geometrias correspondentes.

Nesse estado, podemos efetuar a hibridização dos orbitais, como na Figura 5.6.

$$C^* = 2(sp^3)^1\ 2(sp^3)^1\ 2(sp^3)^1\ 2(sp^3)^1$$

A seguir, os orbitais híbridos são combinados, um a um, com os orbitais de hidrogênio, formando orbitais moleculares localizados. No estudo das moléculas no estado normal ou fundamental de energia, basta considerar a combinação soma entre os orbitais, visto que os orbitais moleculares do CH_4, obtidos pela combinação diferença, encontram-se vazios.

Ligações múltiplas

As ligações múltiplas em moléculas biatômicas, como o O_2 e o N_2, são formadas pela combinação de dois tipos de orbitais atômicos, denominados σ e π. Os orbitais *s* têm simetria σ e combinam-se, por soma ou diferença, formando ligações σ com caráter ligante e antiligante, respectivamente. Isso também acontece com os orbitais p_z. Já os orbitais p_x e p_y

situam-se perpendicularmente ao plano molecular, e têm simetria π. Esses orbitais não se combinam com orbitais de simetria σ. De fato, na formação de orbitais moleculares, só se combinam orbitais de mesma simetria. Fazendo as combinações, em pares, podemos construir os diagramas de orbitais moleculares mostrados na Figura 5.7.

Para visualizar melhor os orbitais, podemos imaginar um plano fictício, designado pela letra σ, passando pelos dois átomos, como na Figura 5.7. Os orbitais que se localizam nesse plano apresentam uma simetria do tipo σ. Esses orbitais não sofrem alterações de sinal (paridade) quando submetidos a uma operação de reflexão sobre o plano σ, e são ditos simétricos. Existem orbitais que apresentam lóbulos perpendiculares ao plano da molécula tomado como referência, e têm sinais contrários quando refletidos nesse plano. Esses orbitais são antissimétricos com respeito ao plano de simetria, e são designados pela letra grega pi, π.

Colocando os orbitais antiligantes, obtidos pela combinação das funções de onda por diferença, teremos a representação mostrada na Figura 5.8.

Fazendo a superposição dos orbitais podemos ver que os orbitais ligantes situam-se na região internuclear, onde os elétrons estão sujeitos à atração simultânea dos dois núcleos, que, dessa forma os mantém ligados quimicamente. Os orbitais antiligantes se localizam fora da região internuclear, deixando, portanto, os núcleos mais expostos e levando ao enfraquecimento da ligação química.

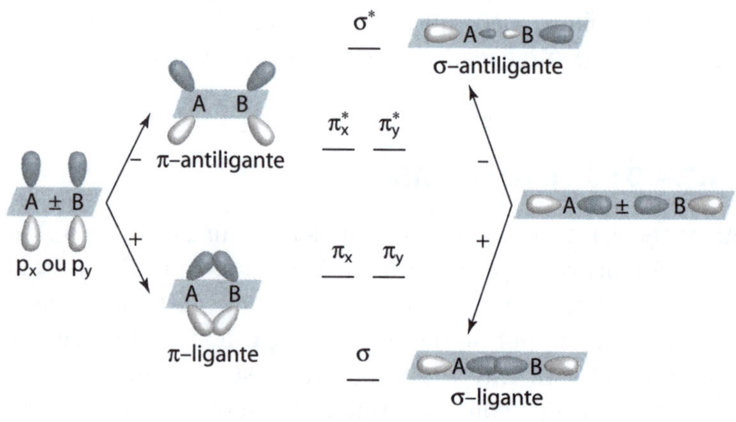

Figura 5.7
Formação dos orbitais moleculares e ligante e antiligante. Os sinais dos orbitais + e – são indicados pelas formas cheias e vazias.

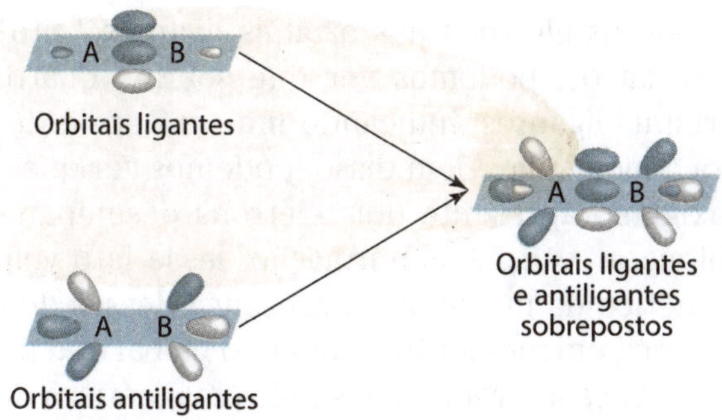

Figura 5.8
Representação dos orbitais em uma ligação dupla, incluindo orbitais ligantes e antiligantes.

A representação da ligação tripla é análoga ao da Figura 5.8, sendo formada por meio de um orbital molecular ligante e dois orbitais moleculares ligantes, localizados em planos perpendiculares ao da ligação.

No caso da molécula do oxigênio, os átomos apresentam a configuração $2s^2\,2p^4$. A presença de quatro elétrons nos orbitais $2p$ leva a um aumento na energia dos mesmos, provocada pela repulsão intereletrônica associada ao emparelhamento do quarto elétron. Ocorre, portanto, uma maior separação energética entre os orbitais $2s$ e $2p$, diminuindo a interação entre eles. O diagrama de orbitais moleculares correspondentes está mostrado na Figura 5.9.

Cada átomo de oxigênio apresenta seis elétrons no nível de valência. Portanto, a configuração eletrônica do nível de valência para o O_2 pode ser escrito na sequência natural de colocação de 12 elétrons:

$$O_2 = (\sigma_{2s})^2(\sigma^*_{2s})^2(\sigma_{2p})^2(\pi_x)^2(\pi_y)^2(\pi^*_x)^1\,(\pi^*_y)^1$$

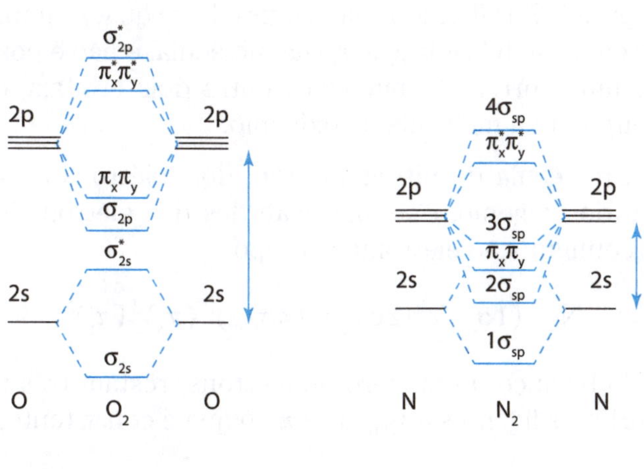

Figura 5.9
Esquema qualitativo de orbitais moleculares para as moléculas de O_2 e N_2, ilustrando o efeito de mistura (hibridização) provocada pela proximidade energética dos orbitais *2s* e *2p* do nitrogênio.

Contabilizando os elétrons nos orbitais ligantes (oito) e antiligantes (quatro), podemos ver que sobram quatro elétrons em orbitais ligantes, indicando um caráter de dupla ligação para a molécula. Além disso, podemos ver que a molécula de oxigênio apresenta dois elétrons desemparelhados em orbitais π_x^* e π_y^*. A confirmação desse fato vem do caráter magnético da molécula. A presença desses dois elétrons dá origem a um momento magnético global que faz com que a molécula seja atraída pelos polos magnéticos de um imã. As moléculas que apresentam esse tipo de comportamento são ditas paramagnéticas, e possuem elétrons desemparelhados. Por outro lado, as moléculas que só apresentam elétrons emparelhados, são ditas diamagnéticas.

O estado de *spin* de uma molécula é caracterizado pela sua multiplicidade, igual a 2S + 1, onde S representa a somatória dos *spins* individuais. De acordo com a teoria, a molécula de oxigênio apresenta S = 1/2 + 1/2 = 1, e uma multiplicidade de *spin* 2S + 1 = 3, ou tripleto. O estado de *spin* do oxigênio tripleto, $^3O_2$, é muito importante na química e bioquímica dessa molécula. A teoria ainda prevê a existência de dois estados excitados singletos (S = 0), no qual os elétrons estariam com *spins* opostos, um em cada orbital π^*, ou ambos em um mesmo orbital (Figura 3.10). Essas duas formas de oxigênio singleto, $^1O_2$, são conhecidas e têm sido muito discutidas, em virtude de sua alta reatividade e da possível atividade citotóxica.

No caso da molécula do nitrogênio, por causa da configuração $2s^2\,2p^3$, a proximidade energética dos orbitais $2s$ e $2p$ é maior do que no caso do oxigênio. Por isso, os diagramas de orbitais $2s$ e $2p$ se interpenetram, como mostrado na Figura 5.7, refletindo sua mistura. Esse quadro implica a ocorrência de hibridização *sp* na molécula, e não é possível fazer uma correlação biunívoca entre dois orbitais, como foi feito para a molécula de oxigênio.

A molécula de nitrogênio tem dois elétrons a menos que a do oxigênio, e a colocação dos dez elétrons leva a uma configuração eletrônica do tipo

$$N_2 = (1\sigma_{2sp})^2\,(2\sigma_{2sp}^*)^2\,(3\sigma_{2sp})^2\,(\pi_x)^2\,(\pi_y)^2.$$

No balanço do número de elétrons, restam três pares nos orbitais ligantes $3\sigma_{2sp}$, π_x e π_y, o que é consistente, por-

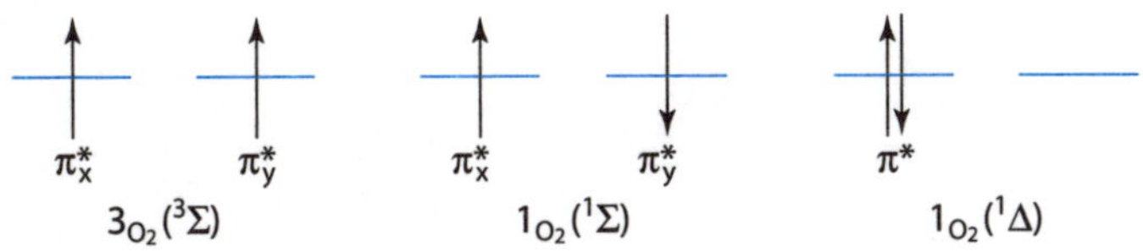

Figura 5.10
Representação simplificada dos estados de *spin* para a molécula de O_2, na forma tripleto e singleto.

tanto, com uma tripla ligação. As distâncias e energias de ligação mostradas na Tabela 5.3 confirmam essa estrutura para o dinitrogênio. É interessante notar a correlação entre distâncias, energias e ordens de ligação, nessa tabela.

Ao contrário da molécula de oxigênio, o dinitrogênio não apresenta elétrons desemparelhados, e seu comportamento na presença de um campo magnético mostra uma tendência de fuga, repelindo as linhas de força. Esse comportamento é dito **diamagnético**, e é característico de materiais que não apresentam elétrons desemparelhados.

Outras ligações múltiplas, por exemplo, entre átomos de carbono, e em moléculas ou íons heteronucleares, como NO, CO e CN^-, podem ser tratadas de maneira semelhante, com base na teoria dos orbitais moleculares.

A formação de ligações múltiplas leva a uma diminuição na distância de ligação e no aumento da energia de dissociação, como pode ser visto na Tabela 5.3.

Tabela 5.3 – Energias e distâncias de ligações simples e múltiplas

Ligação	Distância/nm	Energia/kJ mol^{-1}
O—O	0,132	138
O=O	0,121	489
N—N	0,140	167,3
N=N	0,124	418,4
N≡N	0,109	941,4
C—C	0,154	347,2
C=C	0,134	610,8
C≡C	0,120	836,8

CAPÍTULO 6

SIMETRIA MOLECULAR

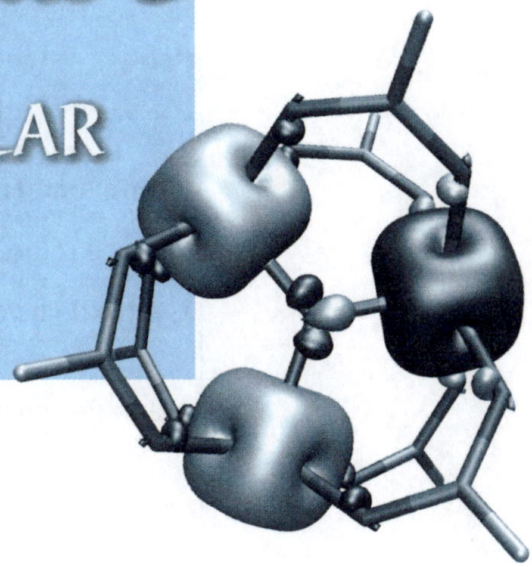

A disposição espacial dos átomos em uma molécula constitui a expressão de sua **estereoquímica**. A geometria ou forma de uma molécula está diretamente relacionada com as ligações químicas, que mantêm os átomos coesos e com os efeitos de repulsão entre os elétrons, no nível da camada de valência, principalmente do átomo central. A hibridização dos orbitais é uma forma de adaptá-los à geometria molecular, porém o fator determinante é a disposição das ligações e dos elétrons na camada de valência. Em moléculas maiores e mais volumosas, as interações entre os átomos ligados também desempenham papel importante na determinação da geometria molecular.

Uma maneira eficiente de se apreciar, de forma racional, a geometria molecular, consiste em identificar os **elementos de simetria** presentes na molécula. Os elementos de simetria representam eixos, centro ou planos abstratos, sobre os quais podemos executar operações como rotação, inversão ou reflexão, de forma a conduzir a uma nova situação de equivalência. Cada operação de simetria é executada sobre o correspondente elemento de simetria.

Existem quatro tipos de elementos de simetria, conhecidos como eixos de rotação (C_n), centro de inversão (i), planos de simetria (σ), e eixos de rotorreflexão (S_n), conforme resumido na Tabela 6.1.

Tabela 6.1 — Elementos e operações de simetria

Elemento de simetria	Operação	Designação
Eixo de rotação	Rotação de $2\pi/n$	C_n
Centro de inversão	Inversão	i
Plano de simetria	Reflexão	σ_v ou σ_d contém C_n σ_h é perpendicular a C_n
Eixo de roto-reflexão	Rotação de $2\pi/n$ seguido de reflexão no plano $\sigma \perp C_n$	S_n

Na Figura 6.1 estão representadas algumas estruturas moleculares conhecidas. Podemos identificar na molécula da amônia, NH_3, a existência de um eixo C_3 passando pelo átomo de nitrogênio, e no íon complexo $[PtC\ell_4]^{2-}$, um eixo C_4 passando pelo átomo de platina. Por meio de um eixo C_n podemos executar rotações de $2\pi/n$, que equivalem à rotação de uma enésima parte da circunferência. Por exemplo, um eixo C_3 como pode ser visualizado na molécula da amônia, NH_3, possibilita realizar rotações de $2\pi/3 = 120°$; um eixo C_4 permite rotações de $2\pi/4 = 90°$ e assim por diante, de forma a se obter uma nova situação de equivalência. Geralmente, em termos de hierarquia ou importância, o eixo C_n com o maior valor de n (maior ordem) é considerado principal. Entretanto, existem exceções, como no octaedro, por ser uma situação especial, de alta simetria, como será discutido mais adiante.

Pelo centro de simetria, podemos executar uma operação de inversão, que deixa o objeto em situação de equivalência. O íon $[PtC\ell_4]^{2-}$ apresenta um centro de simetria, ou de inversão, ao contrário da molécula de NH_3.

Um plano de simetria corta o objeto em duas partes iguais. Cada parte, refletida através do plano, reproduz a

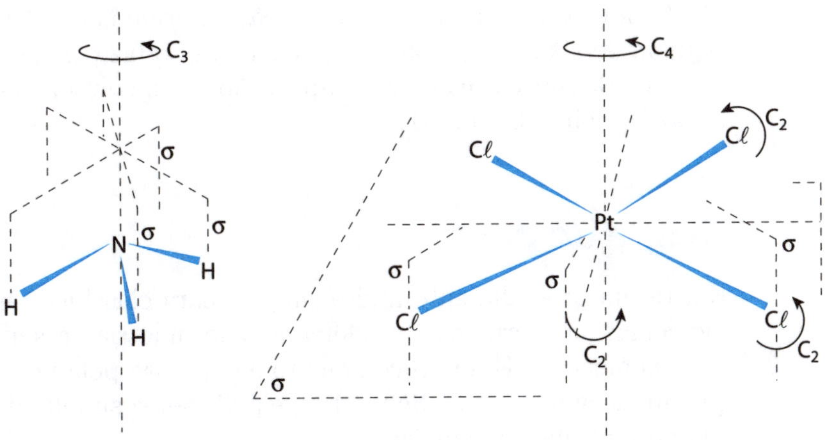

Figura 6.1 Elementos de simetria para a amônia (piramidal) e o íon tetracloridoplatinato (II), $[PtC\ell_4]^{2-}$ planar.

outra correspondente. Por exemplo, na molécula de NH_3 existem três planos de simetria. Esses planos passam pelo eixo C_3 e são designados verticais, ou v. No íon $[PtC\ell_4]^{2-}$ existem quatro planos que passam pelo eixo principal C_4, (de maior ordem). Dois desses planos passam pelas ligações Cℓ—Pt—Cℓ, e correspondem aos planos verticais, σ_v. Entre esses dois planos, existem mais dois planos denominados diédricos, σ_d, que também contêm o eixo principal. A diferenciação entre σ_v e σ_d é sutil: o plano diédrico depende da existência de duplicidade de planos verticais, pois passa no meio deles. Se isso não for observado, o plano será sempre vertical, e não diédrico. Existe, ainda, um plano perpendicular a esse eixo. Esse tipo de plano é denominado horizontal, ou σ_h. Em termos de hierarquia ou importância relativa, o plano horizontal (σ_h) é considerado primeiro, antes dos planos verticais ou diédricos.

O último tipo de elemento de simetria é designado por S_n, e constitui uma sequência de rotação C_n e de uma reflexão perpendicular, σ_h. Esse elemento é muito abstrato, pois por ele são sempre executadas duas operações de simetria, ou seja, $C_n.\sigma_h$, que levam finalmente a uma situação de equivalência. A constatação de sua existência pode ser feita, por exemplo, na molécula de metano, CH_4, cuja geometria é tetraédrica. Como pode ser visto na Figura 6.2, existem eixos C_2 passando por entre as ligações C—H. Não é óbvio, mas existem eixos S_4 que coincidem com os eixos C_2 nessa molécula. Nessa molécula, a operação S_4 pode ser visualizada da seguinte maneira: a aplicação de uma rotação C_4 leva o átomo H_a a uma posição intermediária, que seguida de reflexão no plano σ_h imaginário, o faz coincidir com H_c. Da mesma maneira, a aplicação de uma operação S_4 faz H_b coincidir com H_d.

Grupo de ponto

Existe um procedimento muito simples para classificar as moléculas de acordo com os elementos de simetria presentes nas mesmas. Esse procedimento é expresso pela notação que leva o nome de Schönflies, e pode ser resumido da seguinte forma, sequencial:

1. Verifique primeiro se as espécies correspondem a algum dos cinco poliedros de Platão (Figura 6.3). Estes são considerados de alta simetria, e recebem os símbolos relacionados a seguir:

Poliedro de Platão	Característica	Notação de Schönflies
Tetraedro	4 faces triangulares	Grupo T_d
Octaedro	8 faces triangulares	Grupo O_h
Cubo	6 faces quadradas	Grupo O_h
Dodecaedro	12 faces pentagonais	Grupo I_h
Icosaedro	20 faces triangulares	Grupo I_h

Figura 6.2
Elementos de simetria para uma molécula tetraédrica.

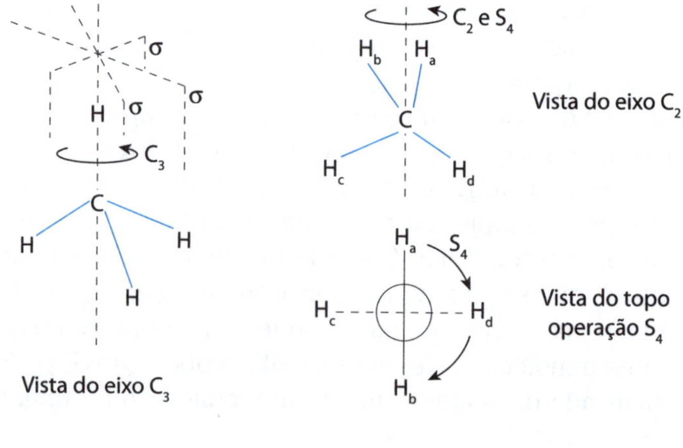

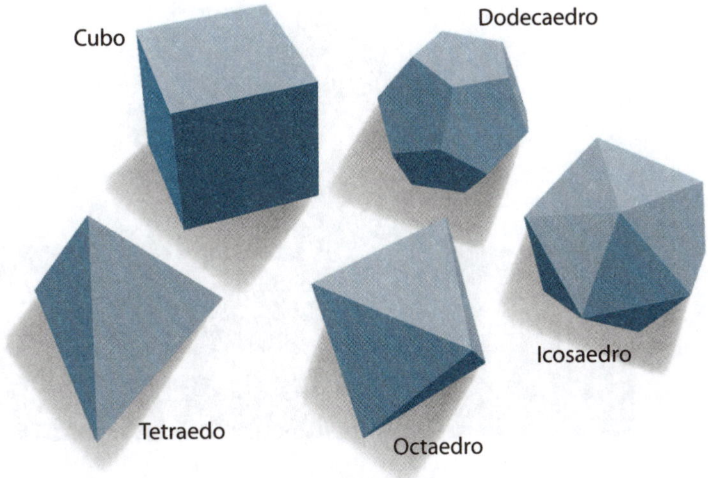

Figura 6.3
Sólidos de Platão.

O octaedro e o cubo são poliedros que apresentam exatamente os mesmos elementos de simetria, por isso, pertencem ao mesmo grupo de ponto, O_h. De fato, é possível inserir um cubo em um octaedro, e vice-versa, como mostrado na Figura 6.4.

O dodecaedro e o icosaedro também apresentam os mesmos elementos de simetria, e ambos pertencem ao grupo de ponto I_h. É possível inserir um dodecaedro em um icosaedro, e vice-versa, como pode ser visto na Figura 6.5.

Figura 6.4
Cubo inserido em um octaedro, com os vértices tocando o centro das faces triangulares.

Figura 6.5
Icosaedro inserido em um dodecaedro, com os vértices tocando o centro das faces pentagonais.

Excluídos os grupos de alta simetria, considere depois as seguintes possibilidades:

2. Verifique se as espécies apresentam eixo C_n.

Se existirem eixos C_n, focalize sua atenção no eixo com maior n.

Em seguida, procure eixos $C_2 \perp C_n$. A resposta afirmativa levará aos grupos do tipo D, e o negativo, aos grupos do tipo C.

Em cada grupo, verifique, a seguir, se existem planos σ_h ($\perp C_n$) ou σ_v, nessa ordem. Os grupos sairão naturalmente, como no esquema a seguir:

C_n	$C_2 \perp C_n$	σ_h	σ_v	Grupo de ponto
Existe	Existe	Existe	→	D_{nh}
Existe	Existe	Não existe	Existe →	D_{nd}
Existe	Existe	Não existe	Não existe →	D_n
Existe	Não existe	Existe	→	C_{nh}
Existe	Não existe	Não existe	Existe →	C_{nv}
Existe	Não existe	Não existe	Não existe →	C_n

Note que existe uma ordem: primeiro C_n, depois $C_2 \perp C_n$, e a seguir σ_h e finalmente σ_v. Ela reflete a hierarquia das operações de simetria, e pode ser colocada como perguntas sequenciais. A resposta afirmativa, até chegar aos planos, definirá o grupo de ponto. Se existir σ_h, não será necessário procurar σ_v; somente em caso negativo.

3. Se não existir eixo C_n, verifique se as espécies se enquadram nos grupos que só apresentam:

   a) Eixos S_n designação → Grupo S_n

   b) Plano de simetria σ designação → Grupo C_s

   c) Centro de inversão designação → Grupo C_i

   d) Eixo C_1 designação → Grupo C_1

De acordo com esse procedimento, a molécula de NH_3 se enquadra no segundo grupo, pois não é de alta simetria, possui um eixo C_3, não apresenta $C_2 \perp C_3$, não tem σ_h, mas apresenta σ_v. Portanto, seu grupo de ponto é C_{3v}.

A espécie $[PtC\ell_4]^{2-}$ também não é de alta simetria, apresenta um eixo C_4, mais quatro eixos $C_2 \perp C_4$, e um plano σ_h. Portanto, seu grupo de ponto é D_{4h}.

A molécula de CH_4 é tetraédrica, ou T_d. Esse procedimento requer alguma prática e boa capacidade de visualização espacial. Contudo, contribui muito para a percepção da forma dos objetos e facilita bastante a interpretação dos dados e propriedades relacionadas com a geometria molecular.

Uma prática interessante a ser introduzida no cotidiano é a identificação do grupo de ponto de tudo que existe ao nosso redor. A percepção das formas poderá ser conduzida de forma criteriosa com base nas operações de simetria, aperfeiçoando a sensibilidade estética e harmônica do que está ao nosso redor. Isso é notório nas flores, nas plantas, nos cristais e até nos flocos de neve. Será que a simetria não tem relação com algo mais seminal, como a disposição dos átomos e dos elétrons nas moléculas? Será que a simetria, como um elemento estético, não tem relação com as cores e com a maneira como as moléculas absorvem a luz?

CAPÍTULO 7

ESTEREOQUÍMICA E TEORIAS DE REPULSÃO INTERELETRÔNICA

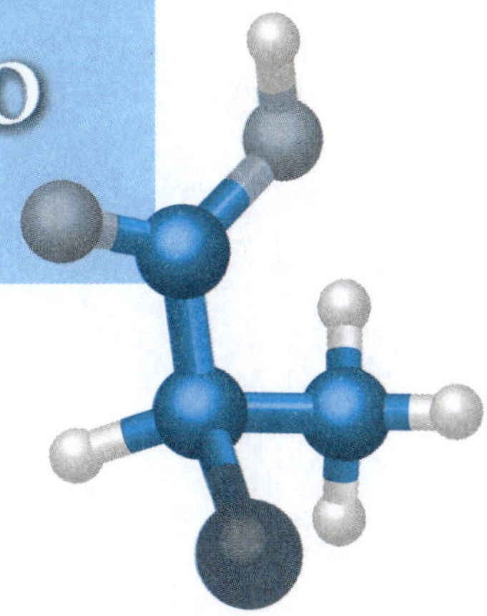

Teoria dos Quartetos Duplos de Linnett

Um fato que não pode ser esquecido, é que os elétrons sempre se repelem, e o reflexo disso pode ser observado até na disposição dos átomos nos compostos. Como já foi discutido, mesmo em se tratando de um único átomo com oito elétrons na camada de valência, a imagem congelada, se pudesse ser feita, corresponderia à de uma figura de cubo. De fato, a disposição do octeto eletrônico segundo um cubo conduz a uma minimização da repulsão intereletrônica na camada de valência.

Com o estabelecimento do Princípio de Pauli, a natureza do *spin* eletrônico passou a ser incorporada na descrição quântica do átomo. Dessa forma, se associarmos a cada par eletrônico de Lewis, os seus respectivos *spins*, o octeto ficará composto por dois quartetos de elétrons de mesma natureza. Mantendo a visão cúbica, os elétrons de mesmo *spin* ficariam dispostos segundo os vértices de um tetraedro, para manter uma maior distância possível uns dos outros, de modo a minimizar a repulsão. O cubo, na realidade, equivale a dois tetraedros interpenetrados, como pode ser visto na Figura 7.1.

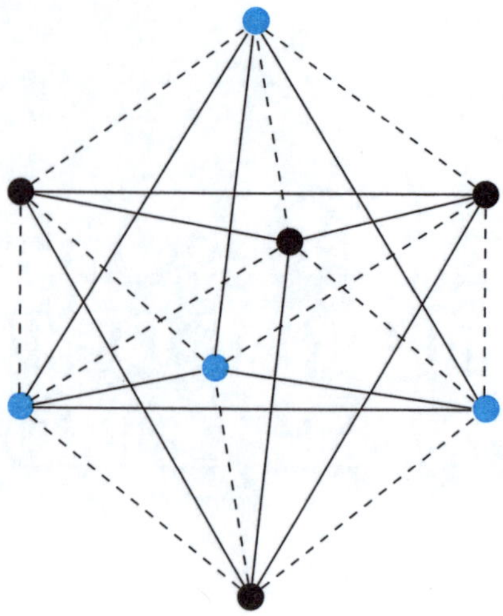

Figura 7.1
Visão de um cubo (linhas tracejadas), com dois tetraedros inseridos (linhas sólidas) formados por esferas brancas e pretas, representados por diferentes *spins* eletrônicos. Observe que os elétrons de mesmo *spin* ficam o mais afastado possível, ao passo que cada par eletrônico situa-se em uma mesma aresta.

Em consequência, dois elétrons de *spins* opostos, acabam ficando mais próximos ao longo de cada aresta do cubo. Por outro lado, essas quatro arestas alternadas, podem ser confundidas com quatro orbitais híbridos sp^3 dispostos tetraedricamente.

O uso dos quartetos duplos preserva a simplicidade do octeto e permite a colocação dos *spins* de maneira mais racional, possibilitando a explicação das propriedades magnéticas e de ordens de ligação fracionárias, ao contrário do modelo de Lewis.

Na construção da estrutura de Linnett para a molécula de F_2, podemos considerar três etapas:

a) b) c) (7.1)

a) Cada átomo de flúor apresenta sete elétrons na camada de valência, totalizando 14 elétrons. Na estrutura de octeto completo, isso equivaleria a 16 elétrons; portanto, a diferença 16 – 14 = 2 fornece o número de elétrons compartilhados pelos átomos. Eles devem ser colocados entre os átomos, de forma que os *spins* fiquem diferenciados, por exemplo, pelos círculos cheios e vazios.

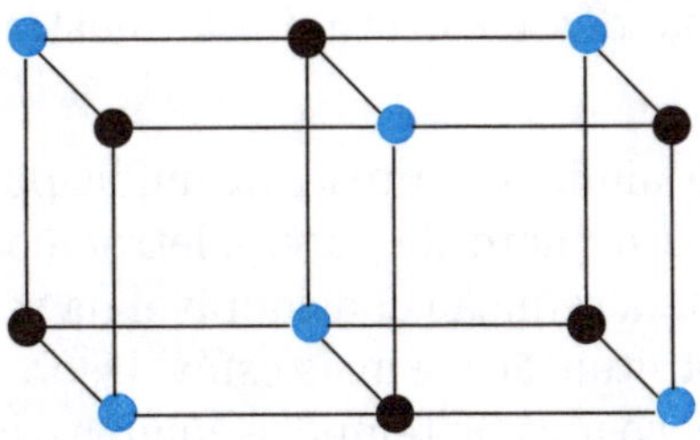

Figura 7.2
Representação espacial da estrutura de Linnet para a forma diamagnética do oxigênio molecular.

b) Os quartetos de elétrons de mesmo *spin* são colocados ao redor dos elementos.

c) Finalmente, os elétrons restantes devem ser adicionados. O resultado levará à formação de quartetos duplos, de *spins* contrários, em cada átomo.

Para a molécula de oxigênio, o número de elétrons compartilhados é igual a quatro. A maneira mais simples de colocar esses quatro elétrons seria formando dois pares de *spins*, conduzindo à seguinte estrutura de Linnett:

(7.2)

a) b) c)

A representação espacial dessa estrutura ficaria como na Figura 7.2.

Essa estrutura seria semelhante à de Lewis, e mostraria um caráter diamagnético para a molécula de oxigênio, pois existe o mesmo número de elétrons de mesmo *spin*. Nessa estrutura, o número de pares eletrônicos seria sete. Se considerarmos que um par eletrônico é constituído por elétrons confinados em uma mesma região, isso implicará uma situação de elevada repulsão intereletrônica para a molécula.

Alternativa, menos óbvia, seria compartilhar três elétrons de mesmo *spin*, e um de *spin* contrário, e depois completar a estrutura de quartetos duplos.

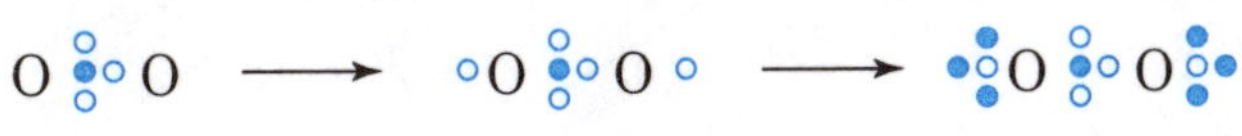

(7.3)

a) b) c)

A representação espacial dessa estrutura está mostrada na Figura 7.3.

Nesse caso a molécula ainda se apresenta unida por uma dupla ligação, porém o número de pares eletrônicos cai para três, significando uma redução considerável na repulsão intereletrônica. Essa situação é a mais estável, sob o ponto de vista da energia, e, ao mesmo tempo, é compatível com o caráter paramagnético apresentado pela molécula de oxigênio. Constitui, portanto, a representação da molécula em seu estado fundamental, $^3O_2$. A outra situação, de maior energia, correspondente à representação do estado excitado, correspondente ao oxigênio singlete, $^1O_2$.

Outro exemplo interessante é o da molécula de NO. Com um total de 11 elétrons de valência, seria necessário compartilhar cinco elétrons entre os dois átomos. Por isso, não é possível construir uma estrutura de Lewis com octetos completos. Entretanto, pela teoria dos quartetos duplos, basta compartilhar três elétrons de mesmo *spin* e dois de *spins* contrários. Na realidade, é a única opção. Com isso, as estruturas ficaram representadas da seguinte maneira:

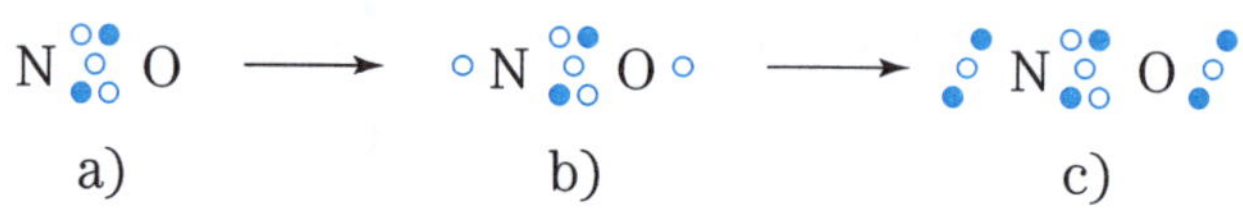

(7.4)

A molécula apresenta uma ordem de ligação fracionária igual a 2,5; com um elétron desemparelhado, responsável pelo caráter paramagnético observado experimentalmente.

A molécula de ozônio, O_3, apresenta três átomos ligados de forma angular. O número de elétrons compartilhados nas ligações é igual a $(3 \times 8)-(3 \times 6) = 6$. Para dispor esses seis elétrons de maneira simétrica entre os dois áto-

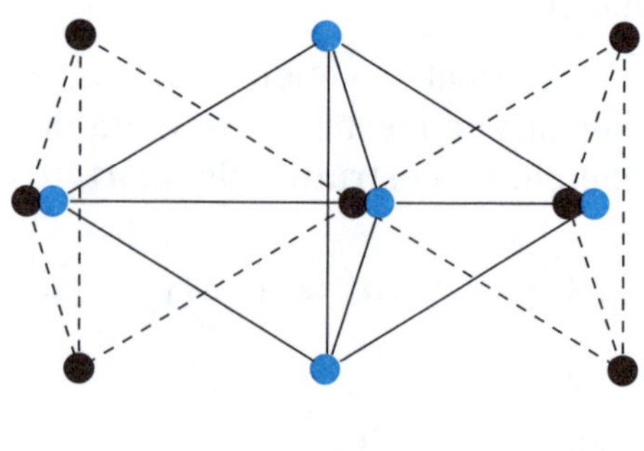

Figura 7.3
Representação espacial da estrutura de Linnett para a forma paramagnética do oxigênio molecular.

mos, o modo mais simples é distribuí-los três a três, como no esquema:

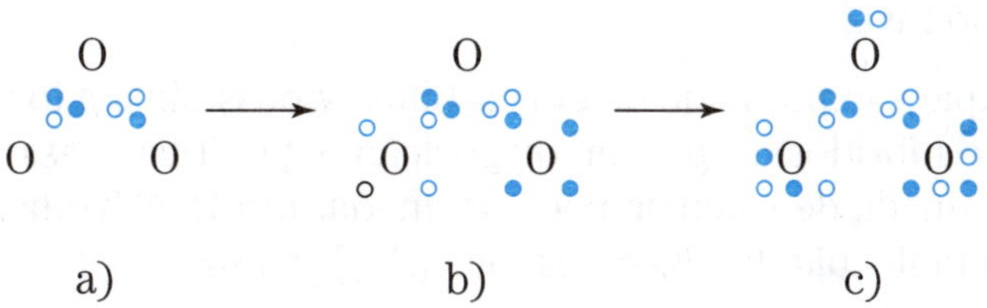

(7.5)

A estrutura de Linnett para o ozônio mostra que a molécula apresenta duas ligações de ordem 1,5 e caráter diamagnético. Esse tipo de situação, quando tratado pelo modelo de Lewis, requer o uso de fórmulas de ressonância, nas quais a dupla ligação oscila de um isômero para outro:

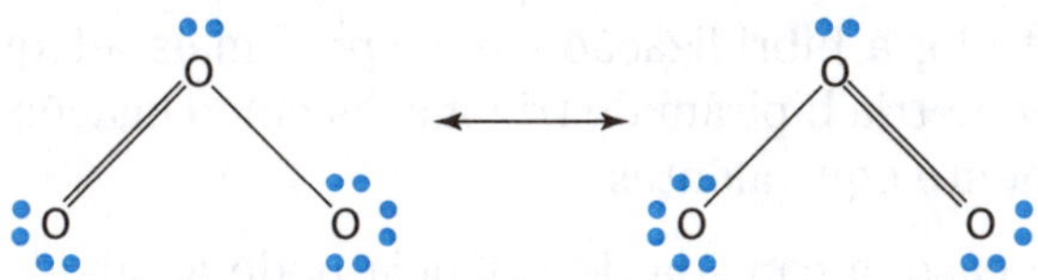

(7.6)

A representação real deveria ser uma mistura, ou híbrido dessas duas formas de ressonância. Essa maneira de representar é um tanto artificial, se comparada com a estrutura de Linnett.

A expansão do octeto

A regra do octeto só é rigorosamente obedecida pelos elementos do segundo período, onde a configuração eletrônica é do tipo $2s^2\,2p^x$. Mesmo assim é muito relevante dada a importância e em virtude do grande número de compostos formados pelos elementos desse período, particularmente pelo carbono, nitrogênio e oxigênio.

Para os demais períodos, os orbitais d também podem fazer parte da configuração, porém, de duas formas; a) pelos orbitais do tipo $(n-1)d^x$, no caso dos íons dos elementos de transição; ou b) por meio dos orbitais externos, $ns^2np^xnd^o$, válido para a maioria dos elementos representativos. O caso b permite a utilização dos orbitais d mais externos na formação das ligações e, portanto, equivale a uma expansão do octeto ou da camada de valência. Nem todos os orbitais *d* são efetivos na formação de ligações sigma, como veremos adiante. Por essa razão, a expansão do octeto geralmente só se estende para um ou dois orbitais *d* do mesmo nível.

A expansão por meio de dois orbitais *d* possibilita a formação de híbridos d^2sp^3 com disposição octaédrica. Nesse caso, a camada de valência pode acomodar até 12 elétrons, como na molécula de SF_6 e nos íons $[PF_6]^-$ e $[SiF_6]^{2-}$.

A expansão por meio de um orbital *d* permite a formação de híbridos com disposição de bipirâmide trigonal. Esse tipo de hibridização é melhor descrito como uma combinação do tipo sp^2, formando três lóbulos dirigidos no plano trigonal, com ângulos de 120°, e uma hibridização do tipo *dp*, originando dois lóbulos dirigidos perpendicularmente a esse plano. Essa situação é frequentemente descrita como dsp^3, contudo, a hibridização $dp + sp^2$ é mais adequada, pois na geometria bipirâmide trigonal as cinco ligações não são totalmente equivalentes.

Nesse caso, a camada de valência pode acomodar até dez elétrons, como nas moléculas de $PC\ell_5$, SF_4 e $C\ell F_3$.

Teoria da Repulsão dos Pares Eletrônicos de Valência (TRPEV)

Os pares eletrônicos na camada de valência se direcionam espacialmente de forma a diminuir a repulsão intereletrônica, e influem na posição das ligações ao redor do átomo central. Essa constatação constitui a base da Teoria da Repulsão dos Pares Eletrônicos de Valência, ou simplesmente TRPEV. Quando existem apenas dois pares de elétrons, a situação de menor repulsão será aquela em que formam ângulo de 180°, correspondendo a uma geometria linear. A presença de três pares eletrônicos leva a uma geometria triangular. Quatro pares eletrônicos conduzem a uma geometria tetraédrica. Levando em conta os orbitais *d*, ainda é possível acomodar cinco, seis ou, eventualmente, mais pares eletrônicos na camada de valência, conduzindo as geometrias do tipo bipirâmide trigonal, octaédrica ou octaédrica distorcida, respectivamente.

A disposição dos pares eletrônicos e as geometrias moleculares associadas podem ser vistas na Figura 7.4.

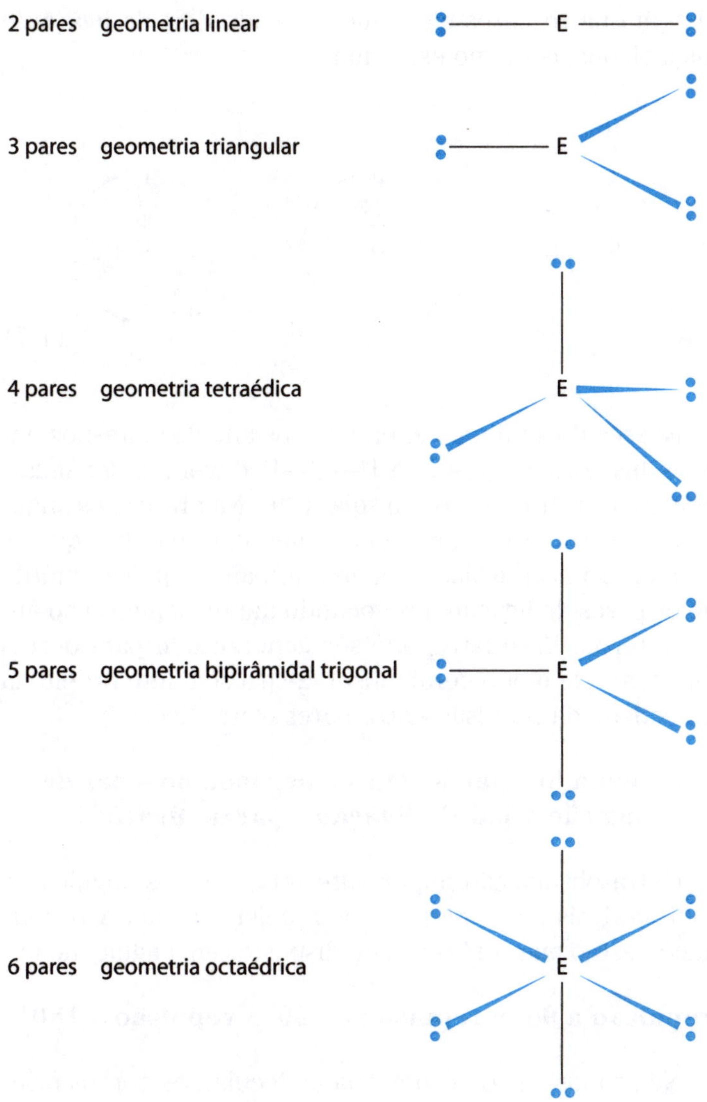

Figura 7.4
Disposição dos pares eletrônicos e geometria molecular.

Um ponto importante a ser destacado na TRPEV é o papel dos pares eletrônicos isolados, ou seja, que não participam na formação das ligações. Por exemplo, na molécula de metano, CH_4, o ângulo entre as ligações corresponde a 109°, típico da geometria tetraédrica. A molécula de NH_3 apresenta quatro pares eletrônicos na camada de valência, sendo que três estão participando de ligações com os átomos de hidrogênio, e um par eletrônico permanece isolado no vértice de uma pirâmide. Na molécula de água também existem quatro pares eletrônicos, sendo dois de ligação e dois isolados, como no esquema.

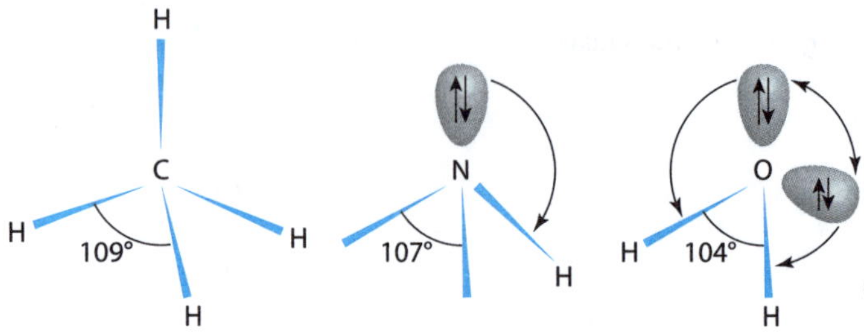

(7.7)

Nesses dois últimos exemplos, os ângulos internos entre as ligações H—N—H e H—O—H deveriam ser iguais aos ângulos tetraédricos, ou seja, 109°. Na prática, os ângulos são de 107° e 104°, respectivamente. Isso indica que os pares eletrônicos isolados exercem maior repulsão mútua que os pares de ligação, provocando um fechamento no ângulo interno. Esse fato pode ser generalizado para outras moléculas. De modo geral, observa-se a seguinte ordem na intensidade da repulsão entre pares eletrônicos:

par isolado – par isolado > par isolado – par de ligação > par de ligação – par de ligação

Outra observação importante refere-se aos ângulos de repulsão. Dois pares eletrônicos repelem-se cada vez mais quando estão mais próximos ou dispostos em ângulo menor:

repulsão a 90° > repulsão a 120° > repulsão a 180°

Na proposição da geometria molecular, os pontos principais a serem considerados são o número total de pares eletrônicos e a disposição dos pares isolados. O número de pares isolados com repulsão de 90° deve ser minimizado, para obter uma geometria mais estável. Depois, o mesmo raciocínio deve ser aplicado para as repulsões entre os pares isolados e os pares de ligação, a 90°.

Veja, como exemplo, a molécula de tetrafluoreto de xenônio, XeF_4. O número de elétrons na camada de valência do átomo central é igual a 8 (Xe) + 1 × 4(F) = 12, correspondendo a seis pares eletrônicos, com disposição octaédrica. De acordo com os esquemas apresentados, os quatro átomos de flúor podem ser colocados em um plano, formando um quadrado (D_{4h}) ou em dois planos perpendiculares, levando a uma geometria angular (C_{2v}).

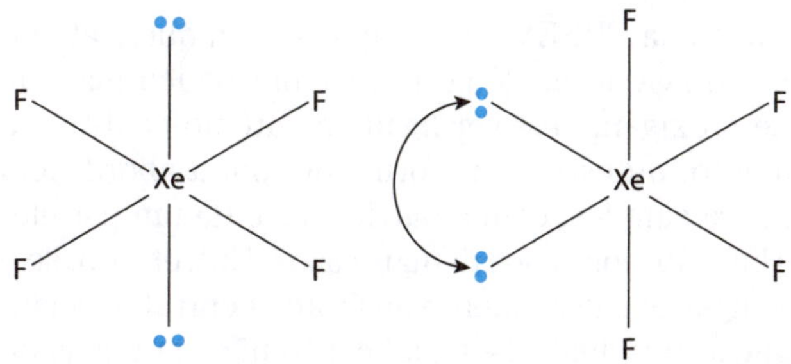

(7.8)

A TRPEV permite prever que a geometria quadro planar é a mais provável, pois tem maior estabilidade, visto que os dois pares eletrônicos isolados encontram-se a 180º. Na outra geometria, os pares eletrônicos isolados exercem repulsão mútua a 90º.

A molécula de SF_4 tem um átomo de enxofre no centro, com (6 + 4)/2 = 5 pares eletrônicos na camada de valência. A disposição dos átomos de flúor ao longo da bipirâmide trigonal pode se dar de duas maneiras, deixando o par eletrônico isolado no plano do triângulo, ou no vértice da bipirâmide, como nos esquemas:

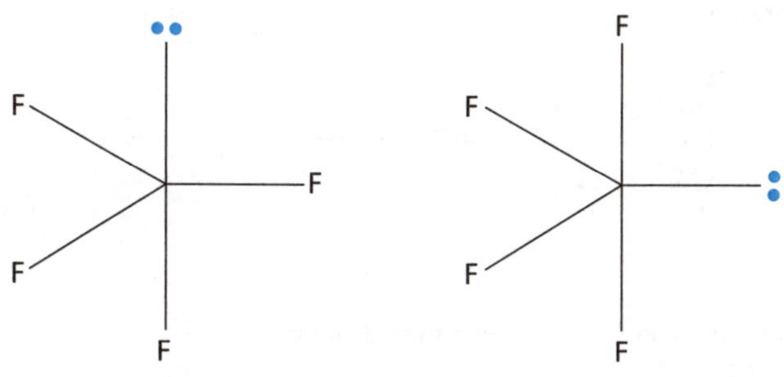

(7.9)

Como só existe um par eletrônico isolado, a repulsão mais importante será a desse par isolado com os pares de ligação a 90º. Na geometria em que o par isolado se situa no vértice, o número de repulsões entre par isolado, par de ligação a 90º é igual a três, ao passo que na geometria alternativa, esse número cai para dois. Por isso, esta última será a mais estável.

A TRPEV é muito útil na previsão das geometrias de moléculas com ligações simples ao redor do átomo central, como é o caso dos compostos dos elementos representativos com hidrogênio e halogênios.

A aplicação da TRPEV aos compostos em que o átomo central (E) se liga ao oxigênio requer um pouco mais de cuidado. Se o oxigênio estiver ligado ao átomo central e a outro elemento, ou estiver na forma de íon, a abordagem da ligação será simples, com a participação de um par eletrônico de ligação, como nos demais casos. Entretanto, se o oxigênio se ligar exclusivamente ao átomo central, formando uma ligação terminal, E—O, a ligação não será mais do tipo simples. O oxigênio terminal age como um receptor de par eletrônico do átomo central, participando de uma ligação que poderia ser denominada de dativa, e representada por uma seta (E→O). Formalmente, em termos do número de elétrons, esse tipo de átomo não contribui para a geometria, e não precisa ser considerado na TRPEV. Por exemplo, as geometrias das moléculas de SO_2 e SO_3 podem ser previstas exclusivamente em termos do número de pares eletrônicos do átomo de S, igual a três, sem necessidade de levar em conta os oxigênios terminais. Dessa forma, a geometria do SO_2 pode ser trabalhada com a distribuição triangular dos três pares eletrônicos, como no esquema:

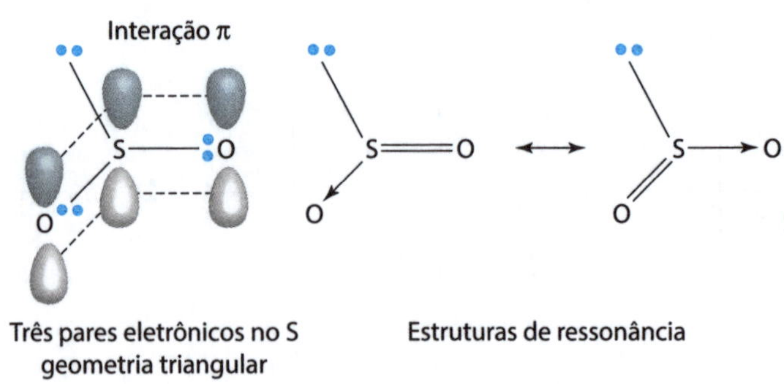

(7.10)

Nesse esquema, também estão mostradas as estruturas de ressonância convencionais, a título de comparação.

De maneira análoga, para o SO_3:

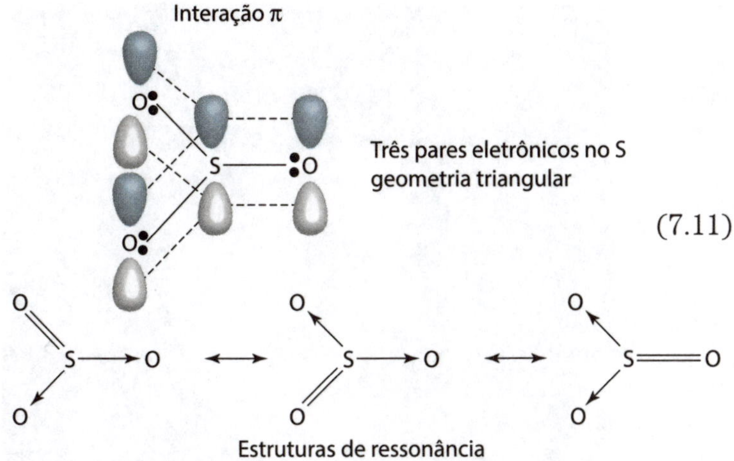

(7.11)

Essa representação parece sugerir que o SO_2 e o SO_3 não apresentam estabilidade eletrônica, pois o enxofre apresenta um número de elétrons inferior ao próprio octeto. Na realidade, a ligação com o oxigênio terminal é mais complicada do que uma dativa, pois ao mesmo tempo em que recebe o par eletrônico do átomo central, formando uma ligação σ, o oxigênio terminal também doa elétrons para o átomo central, formando uma ligação π, superposta. Ambas as ligações acabam ocupando uma única posição na estereoquímica molecular. Esse tipo de interação combinada, σ-dativa + π-retrodativa, torna a ligação com o oxigênio terminal muito forte, com caráter muito próximo de uma dupla ligação convencional. Ao mesmo tempo, em razão do fato da interação σ-dativa ser predominante em relação à π-retrodativa, a presença de ligações com oxigênios terminais acaba deixando o átomo central com deficiência de elétrons. Esse ponto é muito importante para a explicação do comportamento químico (ácido–base) dos óxidos dos elementos representativos.

Teoria do Campo Ligante – estereoquímica de compostos de coordenação

Os elementos metálicos, em virtude de sua elevada carga nuclear efetiva, exercem forte atração sobre os elétrons de moléculas nas vizinhanças, orientando os dipolos em sua

Figura 7.5
Alfred Werner nasceu em Mülhausen (França), em 1866. Depois de graduar-se em Química em 1889, foi trabalhar com o professor Hantzsch, em Zurique, obtendo o doutorado em 1890. Nos anos seguintes, foi para Paris, onde trabalhou com Berthelot, retornando em 1892 como professor associado na Universidade de Zurique. Utilizando as ideias de estereoquímica desenvolvidas no seu doutorado, Werner reformulou o conceito de valência de Kekulé, criando o modelo de coordenação. Suas ideias revolucionárias provocaram polêmicas históricas, enfrentando e vencendo a oposição de químicos renomados da época, como Sophus Mads Jorgensen. Por isso, é considerado o pai da Química de Coordenação e da Estereoquímica Moderna. Recebeu o Prêmio Nobel de Química em 1913. Morreu em 1915.

direção. Quando a interação é mais forte, além da atração do tipo íon dipolo, ocorre uma combinação ou mistura efetiva entre os orbitais do metal e os orbitais das espécies circunvizinhas, formando ligações covalentes. O produto formado se denomina complexo, ou composto de coordenação, e tem como característica estrutural a presença do metal no centro, envolvido por um conjunto de espécies denominadas ligantes. Essa maneira de descrever um composto de coordenação foi proposta pela primeira vez por Alfred Werner (Figura 7.5), em 1892, e está representada na Figura 7.6.

O termo coordenação expressa uma disposição espacial bem definida ou ordenada dos ligantes ao redor do íon metálico. O número de ligantes é denominado número de coordenação, e depende do tipo de orbitais do metal que estão envolvidos na ligação, da natureza do ligante, e dos efeitos estéricos na esfera de coordenação.

As espécies que participam da esfera de coordenação ao redor do metal ficam enclausuradas dentro de um col-

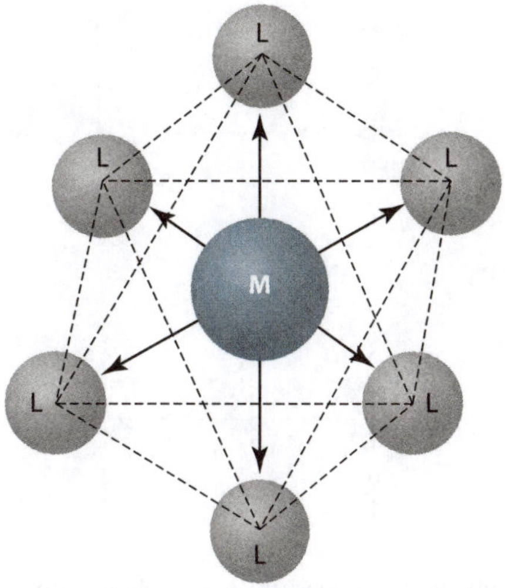

Figura 7.6
No modelo de coordenação de Werner, o íon metálico central irradia a atração pelos ligantes ao seu redor, orientando a formação de uma esfera interna de coordenação, com geometria bem definida, diferenciada do meio exterior (esfera externa) pelos colchetes ([ ]).

chete, e, dessa forma, são diferenciadas das espécies que não estão coordenadas ao íon metálico. Por exemplo, na representação

$$[Cr(NH_3)_6]C\ell_3$$

significa que existem seis moléculas de amônia ligadas ao íon de crômio, e que os três íons cloretos estão fora da esfera de coordenação. A carga do íon metálico (+3) pode ser inferida com base no número de íons cloreto (–1), visto que o composto global é eletricamente neutro.

Todos os processos de interação de metais com outras espécies químicas, incluindo o próprio processo de solvatação que acompanha a dissolução de sais de elementos metálicos em solução, podem ser descritos com base no modelo de coordenação. Os sais hidratados, como o $NiSO_4 \cdot 6H_2O$, na realidade correspondem a sais complexos do tipo $[Ni(H_2O)_6]SO_4$.

As geometrias consideradas padrão em compostos de coordenação são a octaédrica (Oh), para o número de coordenação 6, e a tetraédrica (Td) para o número de coordenação 4. As demais geometrias podem ser derivadas mediante a distorção apropriada do octaedro ou do tetraedro.

Na geometria octaédrica, os orbitais d_{z^2} e $d_{x^2-y^2}$ estão distribuídos ao longo dos eixos x, y e z, e os três orbitais d

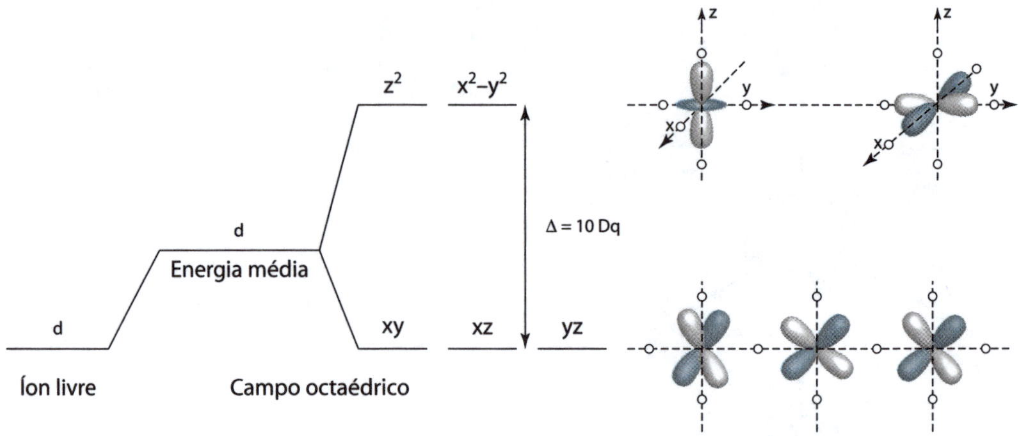

Figura 7.7
Orientação dos orbitais *d* no octaedro e efeitos da repulsão de campo ligante, que levam ao desdobramento em dois grupos, separados por uma energia Δ = 10 Dq.

restantes, ou seja, d_{xy}, d_{xz} e d_{yz}, estão distribuídos nas regiões localizadas entre os eixos cartesianos, conforme pode ser visto na Figura 7.7:

Na Teoria do Campo Cristalino, TCC, proposta por Bethe, em 1929, os ligantes atuariam como se fossem pontos de carga eletrônica negativa, distribuídos geometricamente ao redor do metal. Esse conjunto de cargas negativas criaria um campo ao redor do íon metálico, como se o elemento metálico estivesse no interior de um cristal iônico. Esse campo apresentaria a simetria correspondente à da molécula.

A TCC se enquadra no conjunto das teorias de repulsão intereletrônica, pelo efeito diferencial com que essas repulsões afetam a distribuição energética dos orbitais, influenciando o comportamento químico e a estereoquímica dos compostos.

Em um campo octaédrico, os orbitais d localizados sobre os eixos x, y e z, estão orientados na direção dos ligantes, e os elétrons em seu interior estão sujeitos a um efeito de repulsão provocado pelos elétrons dos ligantes. A energia média dos orbitais d cresce no interior desse campo; entretanto, ao mesmo tempo ocorre uma separação energética em dois conjuntos de orbitais. Em relação à energia média, os orbitais d_{z^2} e $d_{x^2-y^2}$ são mais energéticos (menos estáveis) e os orbitais d_{xz}, d_{yz} e d_{xy}, que não apontam diretamente para os ligantes são menos energéticos (mais estáveis) que os do primeiro grupo. Isso está ilustrado na Figura 7.7.

A diferença de energia entre esses dois conjuntos de orbitais é denominada Δ, sendo também designado pelo símbolo 10Dq. Esse símbolo é o mais usado, e corresponde a uma espécie de unidade de energia de campo cristalino, que pode ser obtida experimentalmente, a partir de medidas de absorção de luz. A separação energética, em relação ao valor médio, ocorre de tal forma que o aumento da energia dos dois orbitais, d_{z^2} e $d_{x^2-y^2}$ deve contrabalançar a diminuição da energia dos três orbitais d_{xz}, d_{yz} e d_{xy}. Considerando que a diferença é dada por 10Dq, a energia dos dois orbitais menos estáveis será igual a + 6Dq, em relação ao valor médio, e a dos três orbitais mais estáveis, será igual a –4Dq. Dessa forma, os orbitais com energias iguais a 6Dq equilibram energeticamente os três orbitais com energias iguais a –4Dq, ou seja, $2 \times 6 = 3 \times 4$.

Assim, em um complexo, a colocação de elétrons nos orbitais d_{xz}, d_{yz} e d_{xy} contribuem para uma maior estabilização do íon metálico, ao passo que a presença de elétrons nos orbitais d_{z^2} e $d_{x^2-y^2}$ provoca um efeito contrário. Os íons metálicos com configuração d^3 e d^8 são os que apresentam maior estabilização em razão do campo cristalino.

Por outro lado, os orbitais do metal na presença do campo, podem formar orbitais moleculares, combinando-se com os orbitais dos ligantes. Nesse caso, o campo não pode mais ser descrito como sendo formado por cargas elétricas pontuais, mas sim, como sendo um campo constituído por ligantes. A teoria de campo cristalino deve ser aperfeiçoada, e a versão que inclui a formação de ligações químicas, é conhecida como Teoria de Campo Ligante (TCL).

As cores dos íons metálicos, tanto em solução, como na forma de sais, ou de minerais, provêm, principalmente, da excitação óptica de elétrons localizados nos orbitais d_{xz}, d_{yz} e d_{xy}, para os orbitais vazios ou incompletos de maior energia, d_{z^2} e $d_{x^2-y^2}$. A excitação óptica ocorre pela absorção de luz, cuja energia $E = h \cdot \nu$ deve coincidir com o valor das energias dos vários níveis eletrônicos. Essas energias dependem da natureza dos ligantes coordenados ao íon metálico. Por essa razão, cada tipo de ligante dá origem a um complexo com coloração específica. As cores das pedras preciosas refletem os diferentes tipos de ambientes químicos ao redor dos íons metálicos, como Fe^{2+}, Fe^{3+}, Cr^{3+}, Cu^{2+} etc., que conferem não apenas coloração, mas também um valor intrínseco às gemas.

Nos complexos tetraédricos, os ligantes interagem mais fortemente com os orbitais d_{xz}, d_{yz} e d_{xy} do metal, e a ordem de energia dos dois conjuntos de orbitais d se inverte. Os orbitais d_{xz}, d_{yz} e d_{xy} adquirem caráter antiligante, e os orbitais d_{z^2} e $d_{x^2-y^2}$ ficam não ligantes. Esses complexos geralmente apresentam cores mais intensas em relação aos complexos octaédricos. Muitos objetos cerâmicos e secantes à base de sílica são impregnados com sais de Co^{2+}, que absorvem água do ar em ambientes úmidos, formando complexos octaédricos de coloração rosa. Em ambientes secos, ocorre o inverso, e a perda de água conduz a complexos tetraédricos, de cor azul intensa. Dessa forma, esses materiais permitem diagnosticar o grau de umidade do ambiente e, eventualmente, fornecem bons palpites na previsão meteorológica.

Estereoisomeria

As moléculas podem apresentar composições idênticas, porém com arranjos diferentes dos átomos, na estrutura. Embora a fórmula química seja a mesma, essas moléculas constituem isômeros estruturais ou espaciais. A ocorrência de isomeria espacial, ou estereoisomeria é muito frequente na química, e não é característica de nenhum elemento químico ou tipo de composto.

Normalmente se faz a diferenciação de dois tipos de estereoisômeros: a) isômeros geométricos; e b) isômeros ópticos.

Isomeria geométrica

Os isômeros geométricos diferem entre si, pela disposição relativa dos átomos na molécula. No caso de uma molécula planar, os isômeros geométricos são conhecidos como *cis* ou *trans*. Os isômeros *cis* apresentam os grupos equivalentes do mesmo lado; ao passo que os isômeros *trans* apresentam os grupos equivalentes em posição oposta.

Os compostos com dupla ligação apresentam isômeros *cis-trans*:

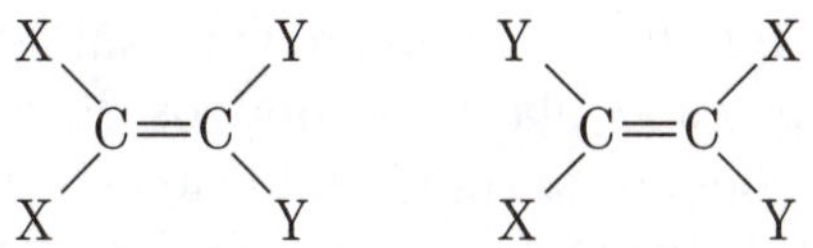

Isômero *cis* Isômero *trans* (7.12)

Os complexos planares, como o $[Pt(NH_3)_2C\ell_2]$ também apresentam isomeria *cis-trans:*

Isômero *cis* Isômero *trans* (7.13)

Os isômeros *cis* e *trans*, em geral, apresentam propriedades bem distintas. No caso do complexo de $[Pt(NH_3)_2C\ell_2]$, o isômero *cis* apresenta atividade anticancerígena e é um fármaco muito importante, ao passo que o isômero *trans* não apresenta esse tipo de atividade. É interessante notar que se o complexo tivesse uma disposição geométrica semelhante ao do tetraedro, não seria possível a ocorrência de isomeria *cis-trans*, pois qualquer permutação de posição entre os grupos conduziria sempre à mesma espécie. Isso pode ser difícil de visualizar, utilizando as fórmulas desenhadas no plano do papel, entretanto, torna-se óbvio quando se faz um modelo da molécula, no espaço.

A proposição de geometrias, baseada na existência de isômeros foi um recurso adotado por A. Werner, nos primórdios da Química de coordenação, e continua igualmente útil e válido até os tempos atuais.

Isomeria óptica

A isomeria óptica é um caso particular da geometria espacial, onde um isômero equivale à imagem especular do outro. Assim, para se formular dois isômeros ópticos, basta construir a imagem especular da molécula de partida. Por exemplo, a mão esquerda é praticamente a imagem especular da mão direita; se tentarmos superpor uma sobre a outra, veremos que não coincidem. O mesmo deve ocorrer com os isômeros especulares ou ópticos de duas moléculas. Entretanto, nem toda representação estrutural do tipo objeto–imagem equivale a isômeros ópticos. Isso só acontecerá quando o objeto não apresentar plano ou centro de simetria.

Em termos mais exatos e gerais, a isomeria óptica só é possível quando a molécula não apresentar eixos impróprios (roto-reflexão). Tanto o plano como o centro de simetria são casos particulares de eixos impróprios

Nos compostos mais simples, como os do carbono, a isomeria óptica só ocorrerá quando os quatro grupos substituintes forem diferentes, como na Figura 7.8.

Esse tipo de carbono, ou átomo central, é dito assimétrico. O comportamento de espécies do tipo objeto–imagem, é conhecido como *quiral,* por lembrar o comportamento das mãos (Figura 7.8).

O comportamento quiral é direcional, ou seja, ele pode ser representado por um movimento no sentido da direita ou da esquerda. Por exemplo, duas hélices com disposição de objeto–imagem, constituem objetos quirais. Dessa forma, as moléculas helicoidais apresentam comportamento quiral, e são ópticamente ativas. As cadeias de proteínas e de muitos silicatos (Figura 7.9) são helicoidais e, portanto, apresentam atividade óptica.

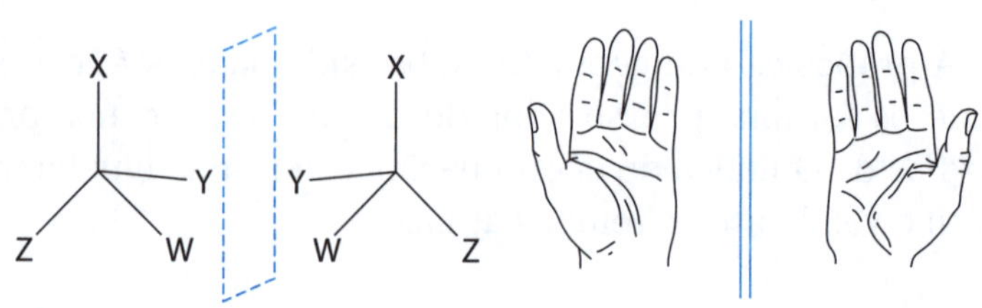

Figura 7.8
Isomeria óptica: visualização das formas objeto e imagem.

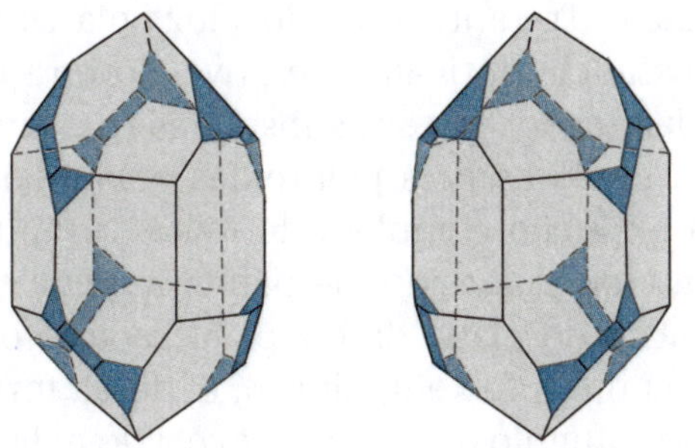

Figura 7.9
Quiralidade em cristais de quartzo.

Os isômeros do tipo objeto–imagem também são conhecidos como *enantiômeros*, e apresentam propriedades químicas muito semelhantes, exceto quando se encontram em ambientes onde existem outras espécies quirais, como é o caso dos sistemas biológicos. A diferença desses isômeros pode ser feita com o auxílio da luz polarizada.

Um feixe de luz comum é constituído por frentes de onda que se propagam em todas as direções perpendiculares à sua linha de percurso. Quando esse feixe de luz atravessa um filtro polaroide, que pode ser um cristal de carbonato de cálcio ou um material plástico com cadeias alinhadas, ele se reduz a um plano de luz polarizada. O polaroide pode ser pensado como se fosse uma fenda muito estreita, que deixaria passar apenas a luz que está orientada na direção da abertura (Figura 7.10).

Colocando-se outro polaroide com a mesma orientação do primeiro, o feixe de luz polarizada passará normalmente por ele, e poderá ser detectado visualmente, ou por meio de

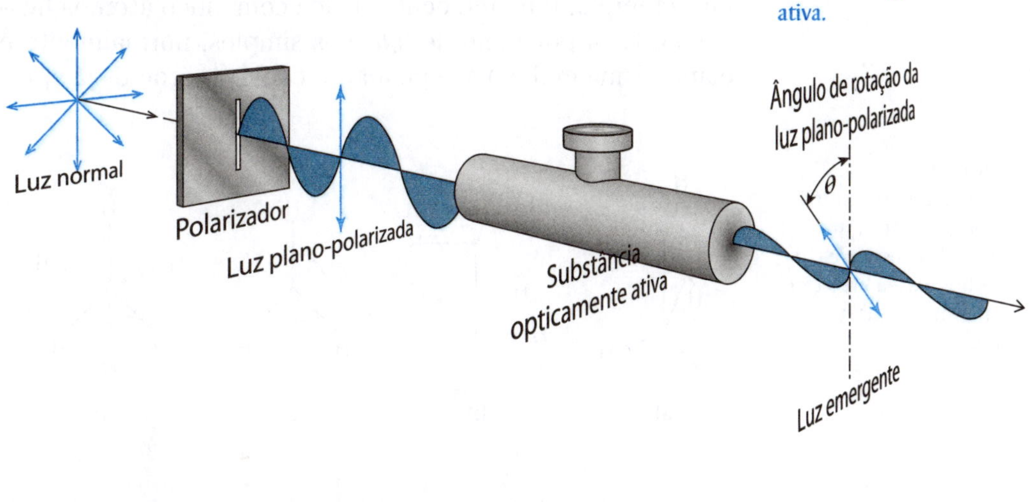

Figura 7.10
Ilustração de um polarímetro mostrando o desvio da luz plano-polarizada por uma substância opticamente ativa.

instrumentos. Entretanto, quando a luz polarizada atravessar uma substância opticamente ativa, sofrerá um giro no plano de polarizacão. Se essa substância opticamente ativa for colocada entre os dois polaroides igualmente orientados, haverá extinção completa do feixe. Girando gradualmente o segundo polaroide, de maneira a coincidir com a nova orientação do plano da luz polarizada, é possível observar novamente o feixe luminoso, e, dessa forma, avaliar com precisão o ângulo de desvio provocado pela substância opticamente ativa.

Isomeria conformacional

As ligações químicas nas moléculas não são estáticas nem rígidas. Assim, uma molécula pode apresentar geometrias variáveis, dependendo do grau de liberdade de movimento de cada ligação. A molécula de etano, CH_3—CH_3, por exemplo, pode se apresentar com os grupos CH_3 perfeitamente alinhados (eclipse) ou não; aparecendo em uma visão de topo, como dois triângulos coincidentes ou uma estrela de seis pontas, formadas por dois triângulos defasados (Figura 7.11) Na realidade, existe uma liberdade de rotação ao longo da ligação C—C e, portanto, infinitos isômeros rotacionais para a molécula. Quando a isomeria resulta do movimento das ligações ela é dita conformacional.

Em moléculas mais complexas, os efeitos estéricos ou de tamanho, associados aos vários átomos presentes, podem restringir os graus de liberdade de movimento das ligações, e algumas conformações se tornam bem definidas. Por exemplo, uma molécula cíclica com cinco átomos ligados entre si por meio de ligações simples, normalmente é planar. Uma molécula semelhante com seis átomos já apre-

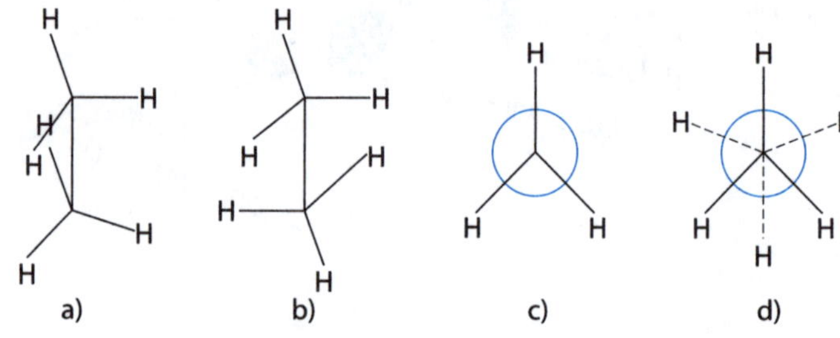

Figura 7.11
Representação estrutural de isômeros rotacionais na forma (a) eclipsada; e (b) antieclipsada e a projeção dos mesmos (c, d) no plano.

senta dificuldade de acomodar todos os átomos do anel em um plano, e duas conformações são possíveis, uma com formato de um barco e outra com formato de cadeira. Essas conformações são apresentadas a seguir, para a molécula de ciclo-hexano:

(7.14)

Conformação de barco

Conformação de cadeira

Os isômeros conformacionais podem apresentar energias muito diferentes, ou um elevado grau de dificuldade de conversão de uma forma na outra, permitindo sua detecção e até sua separação. Na maioria das vezes, entretanto, os isômeros conformacionais coexistem em equilíbrio, exceto em estado sólido, quando o empacotamento das moléculas restringe a liberdade de movimento dos átomos.

CAPÍTULO 8

QUÍMICA NUCLEAR

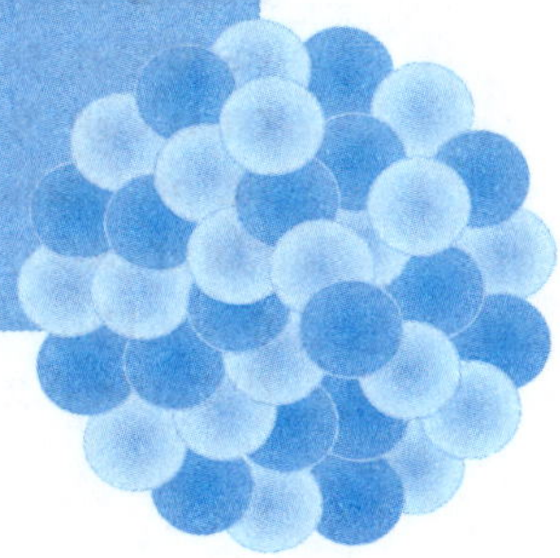

A descoberta da radioatividade

Antoine Henri Becquerel (1852-1908) já havia estudado a ação dos raios emitidos pelos tubos fluorescentes de gases (Capítulo 2) sobre uma chapa fotográfica, quando observou que um sal de urânio era capaz de produzir o mesmo efeito de sensibilização. O novo tipo de radiação emanado pelo sal de urânio era parecido com os raios X, em virtude da capacidade de atravessar tecidos e impressionar as chapas fotográficas. Além disso, era capaz de ionizar o ar e torná-lo condutor.

Impressionada pelos descobrimentos de Becquerel, **Marie Sklodowska Curie** (Figura 2.5) começou a investigar o assunto em seu projeto de doutorado na Universidade Paris-Sorbonne. Curie havia recebido uma grande variedade de minerais e, com o auxílio do eletrômetro inventado por seu esposo Pierre Curie (1895-1906), observou que um mineral conhecido como *pechblenda*, que continha até 80% de U_3O_8, apresentava um poder ionizante muitas vezes maior que o do próprio urânio em estado puro. Por causa da elevada radioatividade, suspeitou da existência de um novo elemento radioativo e, assim, ao lado do esposo, começou a trabalhar no fracionamento de *pechblenda*. Em julho de 1898, o casal Curie anunciou a descoberta de um novo elemento que chamaram polônio, em homenagem ao berço pátrio dela. Em 1902, depois do processamento de várias toneladas de *pechblenda*, isolaram um novo elemento, que denominaram rádio, perfazendo 0,1 grama de $RaCl_2$. Esse material era de fato radiante, pois brilhava no escuro e, por essa razão, ganhou rápida notoriedade pública e comercial, inspirando uma gama de produtos com o nome "rádio". Rapidamente, o rádio passou a ser usado na obtenção de imagens (radiografias), e a própria cientista conduziu experimentos desse tipo nos campos de batalha, durante a guerra entre Alemanha e França.

O átomo moderno

Um elemento químico é caracterizado por seu número de prótons (Z), também conhecido como **número atômico**. É ele que confere identidade ao elemento. O próton é uma partícula com carga positiva e, no átomo, existe um número equivalente de elétrons, tornando-o eletricamente neutro. Note que um elemento pode tanto receber como ceder elétrons, formando íons, sem perder sua identidade.

Neste capítulo, o foco está no núcleo atômico. Sua existência foi anunciada oficialmente, em 1911, por Ernest Rutherford (ver Capítulo 2), revolucionando completamente o modelo atômico existente na época. Curiosamente, enquanto um átomo mede aproximadamente 10^{-10} m, seu núcleo é cerca de cinco ordens de grandeza menor, ou seja, 10^{-15} m. Se imaginarmos uma área do tamanho de um estádio de futebol, o núcleo seria um grão de ervilha colocado no centro. Mesmo sendo tão diminuto, nesse espaço concentra-se toda a massa do átomo. Foi isso que levou à descoberta do núcleo, conforme comentado no Capítulo 2. A massa do elétron ($9{,}11 \times 10^{-29}$ g) não passa de 0,5 milésimo da massa do próton ($1{,}67261 \times 10^{-24}$ g) e, por isso, os elétrons praticamente não contribuem para a massa do átomo. Note que, se pudéssemos separar os núcleos dos átomos existentes na população inteira do planeta, eles caberiam em um volume tão pequeno quanto o de uma bolinha de gude.

No núcleo atômico, além dos prótons, também existem nêutrons, que são partículas sem carga elétrica, com massas praticamente iguais às dos prótons (1,67492 × 10^{-24} g). São importantes para a estabilidade do núcleo. Prótons e nêutrons são denominados **núcleons**. Sem os nêutrons, os prótons acabariam se afastando mutuamente em virtude da repulsão eletrostática entre eles.

Para tentar entender o modelo de interação entre as partículas, é útil recorrer ao conceito de campo. Na teoria quântica de campos, cada partícula gera um campo que pode ser sentido por outras partículas, por meio da troca de outra partícula mediadora. Por exemplo, a força eletromagnética é mediada pelo fóton; a força forte que mantém os prótons e nêutrons unidos nos núcleos é mediada pelos glúons; as forças fracas que unem os *quarks* (partículas que compõem prótons e nêutrons) são transmitidas pelos bósons, como ilustrado na Figura 8.1.

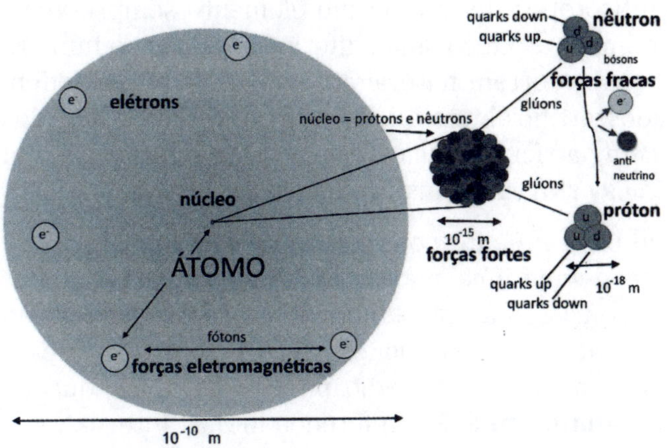

Figura 8.1
Visão pictórica das forças eletromagnéticas no átomo (núcleo-elétron) e das forças fortes que mantêm prótons e nêutrons unidos no núcleo por meio dos glúons. Os *quarks up* e *down* são partículas associadas que formam prótons e nêutrons pela **força fraca**, transmitida por meio de bósons. Essa força participa dos processos de decaimento nuclear, em que prótons e nêutrons se interconvertem e emitem ou capturam elétrons, pósitrons e neutrinos.

É interessante notar que, ao contrário do que se observa na química, nos processos nucleares as cargas eletrostáticas dos átomos deixam de ser importantes. Os íons formados nas reações nucleares, em decorrência de suas altas energias, acabam sempre trocando elétrons com outras partículas e com o meio ambiente. As cargas iônicas externas, assim como a presença das ligações químicas, têm pouca influência sobre o núcleo. Variações na temperatura e na pressão ambiente também têm pouco efeito sobre os núcleos. Por isso, na química nuclear os átomos são frequentemente representados por seus núcleos, sem se destacar a identidade nem a natureza dos compostos onde se localizam.

A massa atômica é dada pela soma das massas de prótons e nêutrons e indicada pelo **número de massa** (A), colocado acima à esquerda do símbolo do elemento (X), tendo como subíndice à esquerda o número atômico (Z), como no esquema a seguir:

$$\text{Número de massa} \longrightarrow {}^{A}_{Z}X \longleftarrow \text{Símbolo do elemento} \qquad \text{Número atômico} \longrightarrow Z \tag{8.1}$$

Muitas vezes, o número atômico é omitido para simplificar a notação, pois o símbolo do elemento já faz sua identificação. O número de nêutrons (N) é igual ou um pouco maior que o número de prótons, podendo variar de acordo com o elemento e dando origem aos **isótopos**. É possível notar que isótopos de um mesmo elemento sempre apresentam número atômico igual, diferindo apenas no número de nêutrons. Ocorrem naturalmente, mas também podem ser gerados artificialmente, por meio do bombardeio dos átomos com partículas nucleares. Por isso, isótopos podem ser espécies estáveis ou instáveis.

Como um elemento pode ter vários isótopos, torna-se necessário definir uma **massa atômica relativa**, multiplicando as massas atômicas individuais pela distribuição percentual de cada isótopo estável. A somatória dessa operação gera um valor médio ponderado, que equivale ao **peso atômico padrão**, referendado pela International Union of Pure and Applied Chemistry (IUPAC). Na tabela periódica da Figura 8.2, é possível observar os isótopos de cada elemento e sua distribuição percentual relativa, representada pela barra vertical à direita.

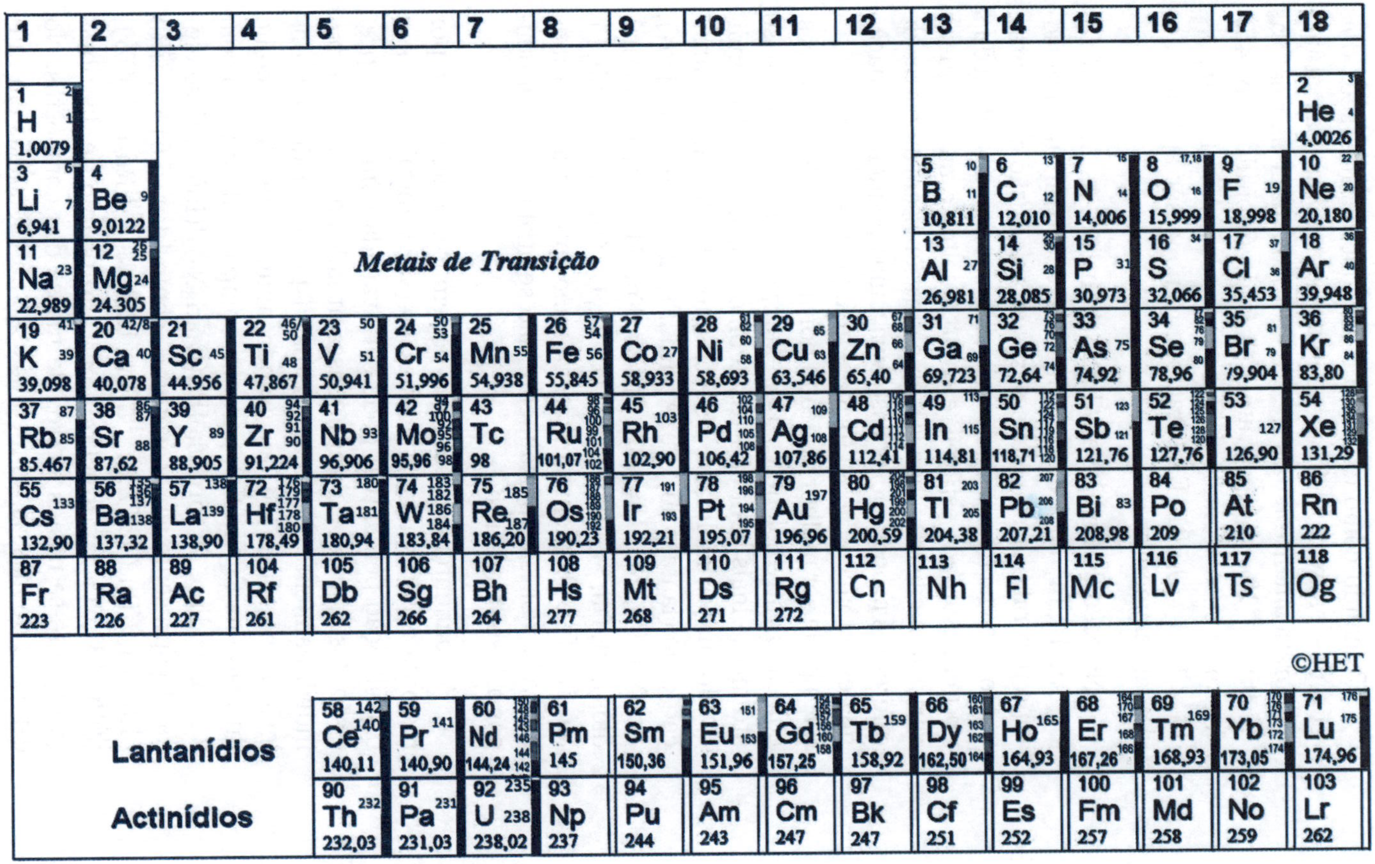

Figura 8.2
Tabela periódica dos isótopos, adaptada e atualizada segundo as recomendações da IUPAC. Os isótopos estáveis estão listados na coluna à direta. As colunas em branco indicam a ausência de isótopos estáveis. As colunas em preto indicam a existência de apenas um isótopo estável.

Tomando como exemplo o carbono natural, seus dois isótopos estáveis, ^{12}C e ^{13}C, apresentam massas atômicas praticamente iguais a 12 e 13 e abundâncias relativas de 99% e 1%, respectivamente (vide Capítulo 2, p. 46). Assim, o peso atômico do carbono é dado por $12 \times 0{,}99 + 13 \times 0{,}01 = 12{,}01$. Esse raciocínio pode ser aplicado aos demais elementos.

No caso de Be, F, Na, Al, P, Sc, Mn, Co, As, Y, Nb, Rh, I, Cs, Au, Bi, Pr, Tb, Ho, Tm, Th, e Pa, ocorre apenas um isótopo natural e, assim, seus pesos atômicos são constantes, como visto na figura. Os demais elementos apresentam dois ou mais isótopos estáveis e estão sujeitos a uma pequena variação na distribuição isotópica presente em amostras de diferentes procedências. Isso leva a uma pequena flutuação no peso atômico. Dessa forma, em alguns casos, o peso atômico pode ser melhor indicado por um intervalo de valores, colocado entre colchetes. Por exemplo, para o cloro, o peso atômico é mais bem expresso como [35,446; 35,457], indicando sua variabilidade. Os elementos Tc (metal de transição), Pm (lantanídio), Po, At, Rn, Fr, Ra (representativos), Ac, Np, Pu, Am, Cm, Bk, Cf, Es, Fm, Md, No, Lr (actinídios), Rf, Db, Sg, Bh, Hs, Mt, Ds, Rg, Cn (transição), Nh, Fl, Mc, Lv, Ts e Og (representativos) não apresentam isótopos estáveis. Por isso, oficialmente não se atribui pesos atômicos a esses elementos.

Atualmente, os isótopos podem ser detectados por meio da espectrometria de massas (ver Capítulo 2), e sua distribuição percentual pode ser avaliada com muita precisão. Isso permite obter a massa atômica de cada isótopo individualmente. Nos compostos, a presença de isótopos leva à ocorrência de um grande número de picos, como ilustrado na Figura 8.3, para um composto de rutênio com 2,2'-bipiridina, de fórmula $[Ru(C_{10}H_8N_2)_3](PF_6)_2$. Esse elemento apresenta vários isótopos, como $^{96}_{44}Ru$ (5,51%), $^{98}_{44}Ru$ (1,87%), $^{99}_{44}Ru$ (12,72%), $^{100}_{44}Ru$ (12,62%), $^{101}_{44}Ru$ (17,07%), $^{102}_{44}Ru$ (31,61%), $^{104}_{44}Ru$ (18,58%), e o padrão de distribuição reflete-se nos espectros de massa dos compostos. No espectro de massas, as medidas são apresentadas em função da relação massa/carga (m/Z), que é detectada experimentalmente, como mostrado na Figura 8.3. No exemplo, a presença de P e F não tem influência sobre o número de picos, pois esses elementos apresentam um único isótopo.

Embora se pudessem esperar sete isótopos do rutênio, o número de picos é maior em razão da presença dos isótopos de carbono-12 (99%) e carbono-13 (1%) na amostra. O último isótopo, apesar de ser insignificante individualmente, acaba sendo importante, pois é multiplicado por 30 na fórmula global. Isso acaba duplicando o número de picos.

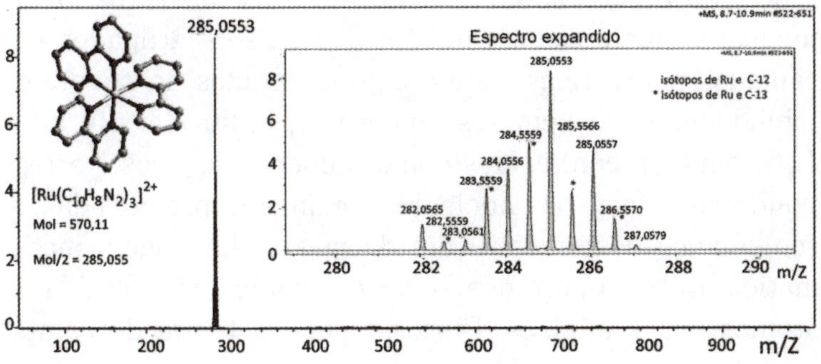

Figura 8.3
Espectro de massa do composto $[Ru(C_{10}H_8N_2)]^{2+}$, cujo pico molecular é esperado em m/Z = 285,055. Sua visão expandida mostra a distribuição dos isótopos de Ru presentes (Tabela 8.2), com os picos duplicados pela existência dos isótopos de C-12 e C-13, na espécie $C_{10}H_8N_2$ ou 2,2'-bipiridina.

Por que existem isótopos?

A existência dos isótopos está relacionada com a constituição dos núcleos atômicos e a distribuição de energia em seu interior. Na dimensão nuclear, além das **forças eletromagnéticas**, também atuam dois tipos de forças, conhecidas como **forças nucleares fortes**, que agem em distâncias de 10^{-15} m, e **forças nucleares fracas**, que são efetivas em distâncias de 10^{-18} m (Figura 8.1). Ao contrário das forças eletromagnéticas, que se fazem sentir a longas distâncias, esses dois tipos de forças nucleares só atuam em distâncias extremamente curtas, mantendo as partículas confinadas no exíguo espaço nuclear. Porém, a estrutura do núcleo ainda esconde muitas surpresas. Seus constituintes fundamentais interagem por meio de forças eletromagnéticas e forças fortes, gerando níveis de energia nucleares. Descritos pela mecânica quântica, esses níveis envolvem também o princípio de Pauli, de modo semelhante ao que já foi apresentado para os níveis eletrônicos no Capítulo 2. Contudo, os níveis nucleares refletem as interações entre prótons e nêutrons mediados pelos glúons e apresentam valores bem definidos de energia. Em um processo radioativo, os núcleos podem ser gerados em estados de alta energia, decaindo para níveis mais baixos com emissão de radiação gama (γ). Como na espectroscopia eletrônica, essa radiação emitida pode ser detectada, e fornece informações importantes sobre os níveis de energia nucleares.

Assim como os níveis eletrônicos que são representados pelos números 2, 10, 18, 36, 54, 86 e 118, em decorrência do preenchimento dos orbitais atômicos, os níveis nucleares quantizados também podem ser agrupados em camadas energéticas, sendo alguns dotados de maior estabilidade. Equivalem aos números **2**, **8**, **20**, **28**, **50**, **82** e **126**, também conhecidos como números mágicos, correspondendo a camadas nucleares totalmente preenchidas. A semelhança descrita provém da mesma linguagem matemática utilizada para descrever os estados de energia dos átomos e dos núcleos. Curiosamente, a teoria de campo cristalino (ou campo ligante), muito usada na química, teve sua origem na descrição da estrutura do núcleo por Hans Bethe (ver Capítulo 7).

Quando se coloca em gráfico o número de prótons e nêutrons dos núcleos estáveis encontrados na natureza, a distribuição obtida mostra, inicialmente, uma tendência de correlação, com um próton para cada nêutron, ou seja, 1P:1N. Isso se encaixa perfeitamente nos primeiros vinte elementos (Figura 8.4). Depois, tem início um desvio que caminha gradualmente para uma correlação próxima de 1P para 1,5N, à medida que aumenta o número atômico. A distribuição dos núcleos nesse gráfico gera uma área conhecida como ilha de estabilidade, onde se situam os trezentos núcleos estáveis conhecidos. O desvio observado mostra uma tendência de mudança de estabilidade conforme cresce a massa do núcleo, exigindo um maior número de nêutrons para compensar a crescente repulsão eletrostática dos prótons. Curiosamente, a ilha praticamente acaba no número atômico 83 (bismuto). Depois disso, todos os núcleos são instáveis e passam a apresentar processos de **decaimento radioativo**. Há previsão de uma pequena ilha de estabilidade ao redor do número atômico 114, com 184 nêutrons, que corresponderia ao elemento fleróvio, recentemente descoberto, mas não tão estável.

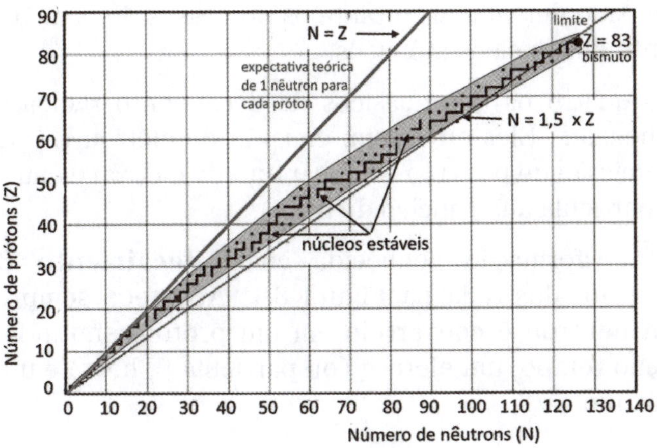

Figura 8.4
A representação dos trezentos núcleos estáveis conhecidos por meio da correlação entre o número de prótons e de nêutrons acaba gerando uma ilha. Inicialmente, a correlação é próxima de 1N:1P e, após o número atômico 20, observa-se um desvio que tende para a correlação 1,5N:1P.

Decaimento radioativo

A estabilidade dos núcleos é função do número de prótons e nêutrons. Entretanto, na realidade, prótons e nêutrons não são partículas elementares, mas formados por outras partículas denominadas ***quarks***, que podem ser do tipo *up* (u) e *down* (d), como ilustrado na Figura 8.1. Os *quarks* têm sido detectados no bombardeamento de átomos de hidrogênio (prótons) com elétrons altamente energizados. Apresentam cargas elétricas fracionárias (+2/3 e –1/3) que nunca se manifestam isoladamente. De fato, os *quarks* se encontram sempre agrupados, gerando partículas com cargas inteiras, como o próton, ou sem carga, como o nêutron.

No modelo padrão utilizado na descrição dos núcleos, as forças que atuam entre os corpos são intermediadas por partículas, da mesma maneira que o fóton intermedeia o campo eletromagnético. No caso dos prótons e nêutrons, as partículas mediadoras são conhecidas como glúons (Figura 8.1), que transmitem a interação forte que mantém o núcleo atômico coeso, a despeito da repulsão eletrostática entre as cargas elétricas dos prótons. É interessante notar que toda partícula elementar apresenta sua antipartícula. Assim, para elétrons (e^-) e *quarks* (u, d), existem **pósitrons** (e^+) e antiquarks (u,d). *Quarks* e antiquarks emparelhados constituem partículas instáveis conhecidas como **mésons**. Há ainda partículas conhecidas como **neutrinos**, que têm sido detectadas durante os processos de bombardeamento dos núcleos atômicos.

São quatro os tipos básicos de decaimento radioativo conhecidos. Eles envolvem: emissão de elétron (e^- ou beta), emissão de pósitron (e^+), captura de elétron e emissão de partícula alfa (núcleo de hélio).

A transformação conhecida como **decaimento β** (beta) já foi ilustrada na Figura 8.1. Acontece sempre que um nêutron é convertido em um próton, emitindo, ao mesmo tempo, um elétron (ou partícula β, beta) e um antineutrino ($^-\nu$).

$$^{1}n \rightarrow {}^{1}p + e^- + {}^-\nu \qquad (8.2)$$

Essa transformação ocorre na conversão do ^{14}C em ^{14}N (equação 8.3), que é utilizada na datação de materiais de origem biológica.

$$^{14}_{6}C \rightarrow {}^{14}_{7}N + e^- + {}^-\nu \qquad (8.3)$$

Um segundo tipo de transformação é dado pelo decaimento com **emissão de pósitron** (e^+). Nesse processo, um próton do núcleo é convertido em um nêutron, com emissão de um pósitron e de um neutrino (ν):

$$^{1}_{1}H \rightarrow {}^{1}n + e^+ + \nu \qquad (8.4)$$

Esse tipo de decaimento inicia o processo de fusão nuclear no Sol. Nas elevadas temperaturas e pressões gravitacionais do Sol, o nêutron formado funde-se com outro átomo de hidrogênio, para formar deutério, o qual prossegue em processos de fusão com hidrogênio até formar o hélio. Com isso, imensas quantidades de energia são liberadas.

Essas duas transformações só podem ser explicadas pela intervenção de uma força nuclear denominada fraca, que seria intermediada por bósons (Figura 8.1). Atualmente, já existem propostas que tentam unificar a força fraca com a força eletromagnética. O objetivo maior seria chegar a uma força universal unificada, que englobaria as forças forte e gravitacional. No entanto, a ciência ainda está distante de atingir essa meta.

Um terceiro tipo muito comum de processo radioativo é o da **captura de elétron** pelo próton no núcleo, para formar um nêutron:

$$^{1}_{1}H + e^{-} \rightarrow {}^{1}n \qquad (8.5)$$

Esse processo ocorre com o iodo-125, usado na dosagem de hormônios no sangue. O iodo-125 adquire estabilidade por meio da captura de elétron pelo núcleo, para formar telúrio:

$$^{125}_{53}I + e^{-} \rightarrow {}^{125}_{52}Te \qquad (8.6)$$

Existe, ainda, um quarto tipo de decaimento radioativo conhecido como **emissão alfa**. Corresponde à liberação de uma partícula com dois prótons e dois nêutrons, equivalente ao núcleo de $^{4}_{2}He$, também designado por α ou $^{4}_{2}\alpha$. A emissão alfa pode ser constatada em todos os isótopos de urânio. Por exemplo:

$$^{238}_{92}U \rightarrow {}^{234}_{90}Th + {}^{4}_{2}He \qquad (8.7)$$

Esses quatro tipos de processo de decaimento do núcleo estão resumidos na tabela a seguir.

Tabela 8.1 — Tipos de decaimento radioativo

Tipo	Equação
Emissão β	$^{A}_{Z}X \rightarrow {}_{Z+1}^{A}Y + e^{-}$
Emissão de pósitron	$^{A}_{Z}X \rightarrow {}_{Z-1}^{A}Y + e^{+}$
Captura de elétron	$^{A}_{Z}X + e^{-} \rightarrow {}_{Z-1}^{A}Y$
Emissão α	$^{A}_{Z}X \rightarrow {}^{A-4}_{Z-2}Y + {}^{4}_{2}He$

Em todas as transformações radioativas, é importante observar a conservação global do número de massa e do número de prótons, como foi indicado na tabela apresentada. Deve ser notado que, na emissão β, o número atômico sempre aumenta de uma unidade, ao passo que na emissão de pósitron o número atômico diminui de uma unidade. Na captura de elétron, o número atômico também diminui de uma unidade. Nesses três casos, o número de massa permanece constante. Na emissão α, o número de massa diminui de quatro unidades, e o número atômico diminui de duas unidades. Essas observações são úteis para prever a natureza do produto formado em uma transformação radioativa.

Por exemplo, qual seria o produto formado no decaimento do $^{210}_{84}Po$ por meio de emissão α? A resposta pode ser obtida com a equação seguinte:

$$^{210}_{84}Po \rightarrow \, ^{A-4}_{Z-2}Y + \, ^{4}_{2}He \tag{8.8}$$

em que Z – 2 = 84 – 2 = 82 indica o elemento Pb, com massa A – 4 = 210 – 4 = 206. Portanto, o produto é $^{206}_{82}Pb$.

Da mesma maneira, qual seria o produto gerado a partir do isótopo $^{198}_{79}Au$ por decaimento β? A resposta, baseada na Tabela 8.1, seria o elemento $_{Z+1}^{A}Y$, em que A = 198, e Z + 1 = 80 (Hg), ou seja, $^{198}_{80}Hg$. Procedendo de forma análoga, o isótopo $^{13}_{7}N$, por emissão de pósitron, dará origem ao elemento $_{Z-1}^{A}Y$, em que A = 13, Z – 1 = 6 (C), ou seja, $^{13}_{6}C$. O isótopo $^{67}_{31}Ga$, por captura de elétrons, dará origem ao elemento $_{Z-1}^{A}Y$, em que A = 67, Z – 1 = 30 (Zn), isto é, $^{67}_{30}Zn$.

Uma observação filosófica é a impossibilidade de prever o instante exato em que determinado núcleo vai emitir partículas ou sofrer decaimento radioativo. Porém, considerando não apenas um núcleo, mas uma grande população de núcleos, como, por exemplo, um mol, é possível aplicar um tratamento estatístico e, nesse caso, o decaimento é dado por uma lei exponencial simples:

$$N = N_0 \, e^{-kt} \tag{8.9}$$

Essa lei descreve um comportamento cinético de primeira ordem. Nessa equação, N é o número de núcleos remanescentes, N_0 é o número inicial, k significa constante de velocidade de decaimento e t representa o tempo. Note que a curva cinética mostrada na Figura 8.5 tem um perfil característico, indicando o decaimento dos núcleos simultaneamente à formação dos produtos.

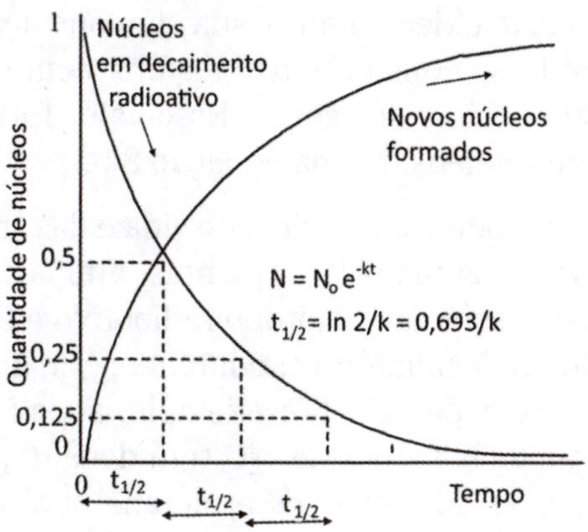

Figura 8.5
Curva de decaimento de primeira ordem (exponencial). Observa-se o tempo de meia-vida e sua constância ao longo do percurso, bem como o comportamento oposto envolvendo a formação dos produtos.

Nessa figura, pode ser notado um detalhe importante que descreve uma cinética de primeira ordem, assunto tratado no Volume 2 desta coleção. Trata-se do tempo de meia-vida, $t_{1/2}$. Corresponde ao período transcorrido até o decaimento da metade dos núcleos radioativos. Qualquer que seja a quantidade inicial de núcleos, o tempo para que seja reduzida à metade vai ser sempre constante, igual a $t_{1/2}$ (fato observado na Figura 8.5). O tempo de meia-vida está relacionado com a constante de velocidade (k) pela seguinte equação:

$$t_{1/2} = \ln 2/k = 0{,}693/k \qquad (8.10)$$

Assim, com base no valor de N_0, $t_{1/2}$ ou k, bem como na análise da quantidade de núcleos remanescentes, é possível determinar o tempo decorrido desde o início do processo.

Datação por decaimento isotópico

O isótopo radioativo do carbono, ${}^{14}_{6}C$, é gerado constantemente na atmosfera por meio do bombardeamento do nitrogênio, ${}^{14}_{7}N$, com os nêutrons das radiações cósmicas:

$$^{14}_{7}N + ^{1}_{0}n \rightarrow ^{14}_{6}C + ^{1}_{1}H \quad (8.11)$$

O decaimento contínuo por emissão beta (equação 8.2) apresenta um tempo de meia-vida de 5.730 anos, que corresponde a uma constante de decaimento (equação 8.10) $k = 0{,}693/5730 = 1{,}209 \times 10^{-4}$ ano^{-1}. No balanço entre as taxas de formação e decaimento, sua concentração relativa acaba mantendo-se constante na biosfera, com um teor de apenas 0,1 bilionésimo por cento. Esse valor fornece o número inicial de núcleos, N_0, na equação 8.9.

Quando o carbono sai do ciclo de vida e das transformações na biosfera, os materiais (plantas, animais, biominerais) deixam de assimilar o isótopo radioativo e começam a sofrer o efeito do decaimento espontâneo, que diminui gradativamente o teor de $^{14}_{6}C$. Por exemplo, após 5.730 anos, metade dos núcleos iniciais de $^{14}_{6}C$ terá decaído, formando $^{14}_{7}N$. Depois de 11.460 anos, essa metade será reduzida a um quarto, após 17.190 anos, estará reduzida a um oitavo, e assim por diante. Desse modo, com base na relação N/N_0 e no valor de k, é possível calcular o tempo transcorrido desde que o material de carbono deixou o ciclo da biosfera (Volume 5 desta coleção).

A datação com $^{14}_{6}C$ é feita com auxílio de espectrômetros de massa, e isso tem permitido avaliar a idade de fósseis e objetos encontrados na natureza. Por exemplo, o método já confirmou a autenticidade dos 600 pergaminhos bíblicos encontrados nas montanhas da região do mar Morto, cuja datação realmente corresponde à época em que Cristo teria vivido. Entretanto, em 1988, as investigações de $^{14}_{6}C$ feitas com o Santo Sudário, de Turim (Itália), acabaram levantando polêmicas, pois os resultados de datação indicaram apenas 600 anos.

Isótopos e aplicações

Existe um número imenso de isótopos que podem ser usados na datação arqueológica e geológica, em médio ou longo prazo, em função de seus respectivos tempos de vida. Entretanto, a maior parte das aplicações dos isótopos está na medicina. Por exemplo, os isótopos podem auxiliar no rastreamento de moléculas e metabólitos no organismo, tornando mais preciso o diagnóstico clínico. Nesses casos, geralmente são empregados isótopos de tempos de vida relativamente curtos, ou seja, de alguns dias ou, eventualmente, algumas horas, para que a radioatividade introduzida não fique acumulada no organismo. Frequentemente, são utilizados elementos radioativos que podem substituir alguns elementos naturais existentes no organismo, como o iodo presente nos hormônios da tireoide. Por outro lado, o $^{57}_{31}Ga^{3+}$ tem alguma similaridade com o Fe^{3+} e pode ocupar seu lugar em algumas biomoléculas em que está presente. Dessa forma, os isótopos radioativos podem chegar aos órgãos específicos, como a tireoide, para promover ações localizadas.

Na área médica, outra aplicação dos isótopos radioativos está no aproveitamento da emissão radioativa e dos raios gama para imageamento dos órgãos ou destruição de células tumorais. Os isótopos radioativos também podem ser usados como fontes de emissão em instrumentos e, nesses casos, devem ter maior tempo de vida, para aumentar a durabilidade e reduzir o custo.

A tabela a seguir apresenta um resumo dos diversos radioisótopos e de suas aplicações.

Tabela 8.2 — Isótopos radioativos com seus tempos de meia-vida e aplicações

Isótopo	Decaimento	Tempo de meia-vida	Utilização
$^{3}_{1}H$	Beta	12,26/ano	Marcador bioquímico.
$^{11}_{6}C$	Pósitron	20,4/min	Tomografia do cérebro.
$^{14}_{6}C$	Beta	5.730/ano	Datação arqueológica.
$^{26}_{13}Al$	Pósitron, captura de e^-	$7{,}17 \times 10^5$/ano	Datação de meteoritos e sedimentos marinhos.
$^{32}_{15}P$	Beta	14,3/dia	Radioterapia e detecção de tumores.
$^{35}_{17}Cl$	Beta, captura de e^-	$3{,}01 \times 10^5$/dia	Datação geológica.

(continua)

Tabela 8.2 — Isótopos radioativos com seus tempos de meia-vida e aplicações (*continuação*)

Isótopo	Decaimento	Tempo de meia-vida	Utilização
$^{40}_{19}K$	Beta	1,251 × 10^6/ano	Datação geológica.
$^{57}_{31}Ga$	Captura de e$^-$	78/h	Importante agente traçador e de imageamento gama de tumores.
$^{59}_{26}Fe$	Beta	45/dia	Monitoração bioquímica do ferro.
$^{60}_{27}Co$	Beta	5,26/ano	Terapia do câncer.
$^{79}_{36}Kr$	Pósitron, captura de e$^-$	34,5/h	Monitoramento cardiovascular.
$^{81}_{36}Kr$	Captura de e	2,29 × 10^5/ano	Datação de águas subterrâneas e gelo glacial.
$^{64}_{29}Cu$	Pósitron	12,7/h	Diagnóstico (pulmão, fígado), doença de Wilson.
$^{75}_{34}Se$	Beta, captura de e-	119/dia	Imageamento da glândula adrenal.
$^{87}_{37}Rb$	Beta	5,7 × 10^{10}/ano	Datação geológica.
$^{90}_{38}Sr$	Beta	29/ano	Contaminante nuclear (Chernobyl), radioterapia do câncer ósseo.
$^{99}_{43}Tc$	Beta	2,111 × 10^5/ano	Radiofármaco, imageamento ósseo, glândulas, cérebro.
$^{125}_{53}I$	Captura de e$^-$	59,43/dia	Radioterapia de tumores na tireoide, próstata e cérebro.
$^{129}_{53}I$	Captura de e$^-$	15,7 × 10^6/ano	Datação geológica, meteoritos.
$^{131}_{53}I$	Beta	8,06/dia	Monitoramento da tireoide.

(continua)

Tabela 8.2 — Isótopos radioativos com seus tempos de meia-vida e aplicações (*continuação*)

Isótopo	Decaimento	Tempo de meia-vida	Utilização
$^{131}_{56}Ba$	Pósitron, captura de e^-	11,6/dia	Detecção de tumor ósseo.
$^{137}_{55}Cs$	Beta	30/ano	Radioterapia.
$^{159}_{68}Er$	Pósitron	36/min	Tratamento de artrite.
$^{198}_{70}Au$	Beta	2,7/dia	Diagnóstico do rim.
$^{210}_{84}Po$	Alfa	138,39/dia	Reatores nucleares, produção de energia, contaminante (tabaco).
$^{222}_{86}Rn$	Alfa	3,82/dia	Contaminante ambiental, segunda causa de morte por câncer de pulmão.
$^{226}_{88}Ra$	Alfa	1,622/ano	Usado em medicina. O decaimento de 1 g Ra com $3,37 \times 10^{10}$ desintegrações por segundo constitui a unidade becquerel (Bq).
$^{235}_{92}U$	Alfa	$7,13 \times 10^9$/ano	Armas nucleares.
$^{238}_{92}U$	Alfa	$4,51 \times 10^9$/ano	Armas nucleares de plutônio.
$^{239}_{94}Pu$	Alfa	$2,44 \times 10^4$/ano	Armas nucleares.

Efeitos biológicos das radiações e da radioatividade

As partículas alfa são constituídas por núcleos de He acelerados. Quando atravessam as substâncias em seu caminho, acabam capturando elétrons, formando íons ou provocando o rompimento das ligações químicas. Por causa de seu tamanho, as partículas alfa podem ser bloqueadas por uma camada de apenas 0,04 mm de água ou de tecido orgânico.

Já as partículas beta são elétrons acelerados que podem colidir com o envoltório eletrônico dos átomos, provocando a emissão de outros elétrons, que depois serão capturados pelas moléculas, para formar radicais. Pela sua natureza, as partículas beta são mais penetrantes que as partículas alfa, mas, mesmo assim, a exposição externa não chega a afetar os órgãos vitais, visto que podem ser bloqueadas por 5 mm ou 10 mm de tecido orgânico.

Os raios gama são ondas eletromagnéticas altamente energéticas e muito mais penetrantes que as partículas alfa e beta, podendo atingir facilmente os órgãos vitais. Os nêutrons também conseguem atravessar os tecidos e são igualmente perigosos, já que podem induzir radioatividade ao serem absorvidos por núcleos atômicos que não são radioativos. As partículas radioativas podem modificar a estrutura de biomoléculas e enzimas, causando grandes danos à saúde. Quando os isótopos radioativos estão localizados no interior dos tecidos, como acontece na ingestão, injeção ou respiração, os danos são muito maiores que no caso da exposição externa.

As radiações ionizantes deixam um rastro sobre os filmes fotográficos de prata, registrando seu efeito sobre as substâncias durante a passagem. Da mesma maneira, geram imagens em filmes fotográficos e, de fato, foi isso que levou à descoberta da radioatividade. No controle da segurança, os operadores de dispositivos e materiais radioativos sempre devem utilizar um crachá com filme fotográfico em seu interior, para monitorar sua exposição. Outra forma de detecção é por meio da contagem de íons formados quando as radiações atingem gases rarefeitos confinados em uma ampola. Os gases ionizados dão origem a uma corrente elétrica, que pode ser facilmente detectada e registrada. Tais dispositivos são conhecidos como contadores Geiger.

A exposição à radiação ionizante é expressa por uma unidade conhecida como *gray* (Gy), que equivale à irradiação de 1 J de energia sobre 1 kg de material. O efeito produzido pode ser avaliado em uma escala conhecida como Sievert (Sv). A exposição equivalente a 1 Sv aumenta o risco de câncer em 5%, sendo que uma dose de 10 Sv é fatal. Por exemplo, a exposição à radiação cósmica normal e ao radônio existente no meio ambiente equivale a uma dose de 2 mSv. Em comparação, ao contrário do que se imagina, a obtenção de uma chapa de raios X para imagem torácica equivale à exposição de apenas 0,1 mSv.

A gênese dos elementos

A energia de ligação dos núcleons provém da força nuclear forte, mediada por glúons. A energia é liberada sob a forma de calor ou radiação γ. É importante notar que a massa de um núcleo atômico é sempre menor que a soma das massas dos prótons e nêutrons constituintes. A diferença corresponde à massa equivalente (Δm) a da energia de ligação (E_b), liberada durante a formação dos núcleos e que pode ser calculada pela equação de Einstein:

$$E_b = (\Delta m)c^2 \quad (8.12)$$

A **fusão** de núcleos pequenos libera muita energia, tornando favorável a formação de núcleos maiores. Isso acontece até o elemento de número atômico 26, o ferro, quando a energia de ligação atinge seu valor máximo, conforme mostrado na Figura 8.6. Por isso, o núcleo de ferro é extraordinariamente estável, não levando a ganhos de energia em processos de fusão ou fissão. Desse modo, não causa surpresa o fato de o ferro ser o décimo elemento em abundância no Universo e o quarto na crosta terrestre. A partir do ferro, a energia de ligação diminui e, em vez da fusão, a quebra em núcleos menores torna-se energeticamente mais favorável. Esse processo é conhecido como **fissão**.

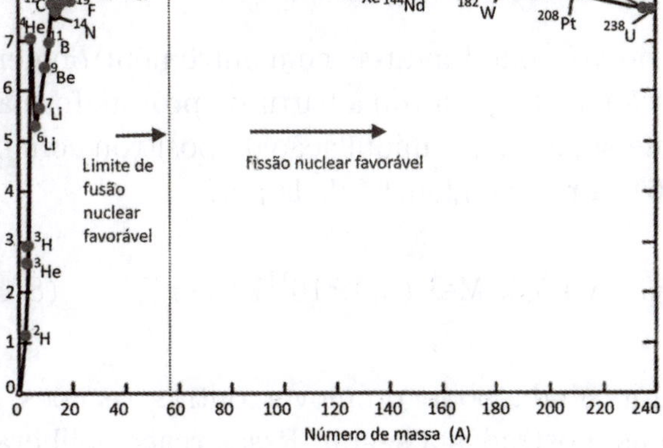

Figura 8.6
Energias médias de ligação entre as partículas do núcleo (núcleons) em função do aumento do número de massa, mostrando a máxima estabilidade adquirida pelos núcleos de ferro. Esse elemento separa a região inicial onde a fusão nuclear é favorável da outra região, em que a fissão passa a ser mais favorável.

As reações de fusão provocam a união de pequenos núcleos, formando espécies maiores e mais estáveis. Entretanto, para que isso ocorra, são necessárias condições extremas para iniciar o processo, por exemplo, usando uma bomba atômica como estopim. Uma vez iniciada, a própria energia liberada dará sequência ao processo de fusão. No Sol, a fusão dos núcleos de hidrogênio para formar hélio libera uma quantidade imensa de energia, estimada em $3{,}8 \times 10^{23}$ kJ s^{-1}, equivalente à queima de 10^{19} litros de gasolina por segundo. Como mencionado anteriormente, o processo inicia com a emissão de pósitron (equação 8.4) do próton, para formar um nêutron que vai se fundir com outro núcleo de hidrogênio, ${}^{1}_{1}H$, formando um núcleo de deutério, ${}^{2}_{1}H$.

$${}^{1}_{1}H \rightarrow {}^{1}\mathrm{n} + \mathrm{e}^{+} + \nu \text{ (emissão de pósitron)} \quad (8.13)$$

$${}^{1}_{1}H + {}^{1}\mathrm{n} \rightarrow {}^{2}_{1}H \text{ (reação de fusão)} \quad (8.14)$$

Soma:

$${}^{1}_{1}H + {}^{1}_{1}H \rightarrow {}^{2}_{1}H + \mathrm{e}^{+} + \nu + 0{,}42\,\mathrm{MeV}\,(4{,}0 \times 10^{10}\,\mathrm{kJ\,mol^{-1}}) \quad (8.15)$$

O pósitron emitido combina-se instantaneamente com um elétron, aniquilando-se com liberação de grande quantidade de energia.

$$\mathrm{e}^{+} + \mathrm{e}^{-} \rightarrow \text{raios } \gamma + 1{,}02\text{ MeV } (9{,}8 \times 10^{10}\text{ kJ mol}^{-1}) \quad (8.16)$$

O deutério ${}^{2}_{1}H$ pode fundir-se com outro nêutron gerado pela emissão de um pósitron a partir do próton, formando ${}^{3}_{2}He$. Segue-se, então, a aniquilação do pósitron com um elétron (8.16). A reação global é dada por:

$${}^{2}_{1}H + {}^{1}_{1}H \rightarrow {}^{3}_{2}He + \nu + 5{,}49\,\mathrm{MeV}\,(5{,}3 \times 10^{11}\,\mathrm{kJ\,mol^{-1}}) \quad (8.17)$$

O deutério ainda pode promover outras reações de fusão, como as mostradas a seguir. Essas reações liberam muita energia e podem ser aproveitadas em reatores de fusão ou bombas de hidrogênio.

$$^{2}_{1}H + ^{2}_{1}H \rightarrow ^{3}_{2}He + ^{1}n + 3{,}3\,\text{MeV}\,(3{,}2 \times 10^{11}\,\text{kJ}\,\text{mol}^{-1}) \quad (8.18)$$

$$^{2}_{1}H + ^{2}_{1}H \rightarrow ^{3}_{1}H + ^{1}_{1}H + 4{,}0\,\text{MeV}\,(3{,}8 \times 10^{11}\,\text{kJ}\,\text{mol}^{-1}) \quad (8.19)$$

$$^{2}_{1}H + ^{3}_{1}H \rightarrow ^{4}_{2}He + ^{1}n + 17{,}6\,\text{MeV}\,(1{,}7 \times 10^{12}\,\text{kJ}\,\text{mol}^{-1}) \quad (8.20)$$

$$^{2}_{1}H + ^{3}_{2}He \rightarrow ^{4}_{2}He + ^{1}_{1}H + 18{,}3\,\text{MeV}\,(1{,}8 \times 10^{12}\,\text{kJ}\,\text{mol}^{-1}) \quad (8.21)$$

As reações de fusão têm muito a ver com a gênese do Universo, em que as partículas elementares (*quarks*) agrupadas em prótons e nêutrons formaram os átomos de hidrogênio e, depois, de hélio. Em seguida, prosseguiram no processo de fusão alimentado pelas temperaturas e pressões gravitacionais extremas, provocadas pela enorme energia liberada.

$$^{3}_{2}He + ^{4}_{2}He \rightarrow ^{7}_{4}Be + \text{energia} \quad (8.22)$$

$$^{7}_{4}Be + e^{-} \rightarrow ^{7}_{3}Li + \text{energia} \quad (8.23)$$

Estima-se que 90% do Universo ainda seja formado de hidrogênio e o restante de hélio. Quando a estrela é pequena, a taxa de conversão do hidrogênio em hélio pode não ser suficiente para manter a liberação de energia, provocando seu encolhimento até formar uma estrela anã. Com as estrelas grandes, o efeito é oposto, e as partículas tendem a provocar novas fusões e gerar núcleos maiores, até chegar ao átomo de ferro. Nesse caso, dão origem às estrelas gigantes vermelhas. As estrelas gigantes geram um campo gravitacional tão forte que comprimem as partículas, gerando temperaturas e pressões extremas que acabam levando à explosão em supernovas, em que os elementos mais pesados que o ferro são gerados e lançados no Universo.

Recentemente, o elemento nihônio (113) foi sintetizado pelo bombardeamento de núcleos de elementos pesados, como o bismuto (Z = 83), com átomos de zinco (Z = 30). O experimento ocorreu nos aceleradores lineares da Riken, no Japão. A fusão de partículas pesadas é considerada bastante improvável, mas em alguns casos pode resultar em transientes como o nihônio (113), cujo tempo de vida é de alguns milésimos de segundo. Esse elemento sofre quatro decaimentos alfa sucessivos, gerando o dúbnio, $^{262}_{105}Db$. A cadeia de transformações forneceu uma pista importante para a validação da descoberta do novo elemento. Os elementos 114 a 118 também foram sintetizados de forma semelhante, em aceleradores de partículas em Dubna (Rússia), na Califórnia e no Tennessee (Estados Unidos).

Fissão nuclear

Depois do elemento ferro, o aumento da massa nuclear tende a diminuir a estabilidade relativa dos núcleos, quando são bombardeados por nêutrons. Assim, ao longo do processo, os núcleos podem crescer até sair da ilha de estabilidade da Figura 8.4, quando passam a sofrer quebras em núcleos menores em um processo conhecido como fissão. A formação de núcleos menores, mais estáveis, leva à liberação de uma grande quantidade de energia, que é explorada em reatores atômicos e armas nucleares.

O $^{235}_{92}U$ tem uma energia de ligação da ordem de 1.786 MeV e é um isótopo considerado físsil, isto é, que sofre fissão com facilidade, ao contrário do $^{238}_{92}U$. Quando um núcleo de $^{235}_{92}U$ absorve um nêutron, ele se quebra, gerando dois nuclídios menores de $^{140}_{56}Ba$ e $^{96}_{36}Kr$ e liberando mais três nêutrons, além de 166 MeV de energia, proveniente das forças fortes envolvidas nas ligações interpartículas (Figura 8.7). Os nêutrons ejetados vão contribuir com mais 33 MeV de energia, dando um total de 200 MeV ou 3.2 × 10^{-11} joules por átomo.

$$^{235}_{92}U + {}^{1}_{0}n \rightarrow {}^{236}_{92}U \rightarrow {}^{140}_{56}Ba + {}^{96}_{36}Kr + 3\,{}^{1}_{0}n + 200\,\text{MeV} \qquad (8.24)$$

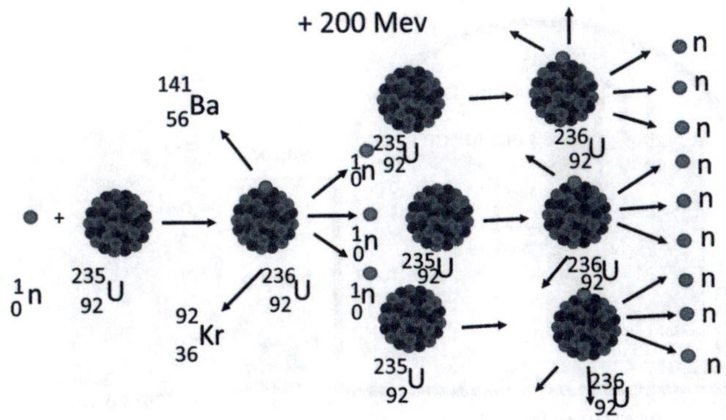

Figura 8.7
Reação de fissão do $^{235}_{92}U$ por absorção de nêutrons, gerando núcleos de $^{141}_{56}Ba$ e $^{92}_{36}Kr$ e três nêutrons que prosseguem, provocando uma cadeia de transformações com liberação de muita energia.

Na realidade, a fissão do $^{235}_{92}U$ com nêutrons pode gerar mais de duzentos diferentes nuclídios de 35 elementos distintos. Os nêutrons formados podem ser absorvidos por outros núcleos de $^{235}_{92}U$, dando início a uma reação de fissão em cadeia como a ilustrada na Figura 8.7. Porém, isso requer condições bem controladas para manter o processo ativo.

Considerando 1 kg de urânio, a energia liberada corresponde a 8,1 × 10^{13} joules, excedendo em milhões de vezes a energia liberada na queima dos combustíveis fósseis. De acordo com a equação de Einstein, essa energia corresponde à conversão de apenas 0,9 g de massa em energia. Note que a bomba atômica que devastou toda a cidade de Hiroshima (Japão), em 1945, transformou apenas 0,6 g de massa em energia!

Outro aspecto importante é que, se os nêutrons liberados forem absorvidos pelo $^{238}_{92}U$, que é a forma dominante, a reação em cadeia do $^{235}_{92}U$ deixa de ser sustentada e a produção de energia nuclear é interrompida. Um aspecto importante é que, enquanto tanto $^{238}_{92}U$ como $^{235}_{92}U$ absorvem nêutrons rápidos, apenas o $^{235}_{92}U$ consegue interagir com nêutrons lentos. Por isso, nos reatores atômicos, como ilustrado no esquema da Figura 8.8, emprega-se $^{235}_{92}U$ enriquecido a 3%, na presença de moderadores, como a água, e de barras de cádmio e boro para diminuir a velocidade dos nêutrons. Isso permite sustentar a reação de fissão do $^{235}_{92}U$ no reator, sem interferência do $^{238}_{92}U$.

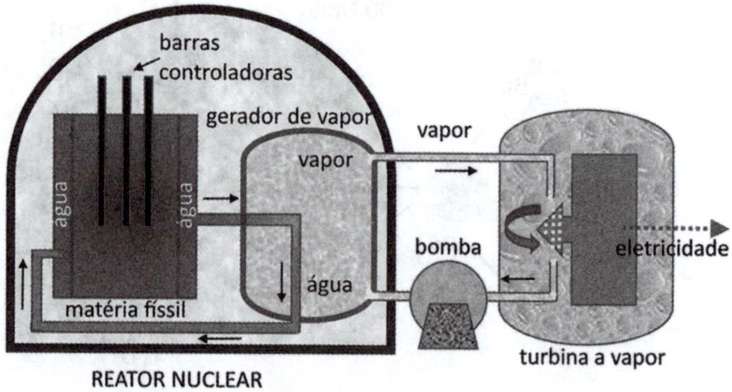

Figura 8.8
Esquema básico de um reator nuclear para geração de energia elétrica utilizando calor liberado pelo processo de fusão de $^{235}_{92}U$ para produzir vapor e mover a turbina geradora de eletricidade.

Se não forem usados moderadores, o $^{238}_{92}U$ vai sofrer a ação de nêutrons rápidos, formando $^{239}_{92}U$ que depois vai decair até $^{239}_{93}U$ e $^{239}_{94}Pu$.

$$^{238}_{92}U + {}^{1}_{0}n \rightarrow {}^{239}_{92}U \quad (8.25)$$

$$^{239}_{92}U \rightarrow {}^{239}_{93}Np + e^{-} \quad (8.26)$$

$$^{239}_{93}Np \rightarrow {}^{239}_{94}Pu + e^{-} \quad (8.27)$$

O $^{239}_{94}Pu$ é um isótopo mais físsil que o $^{235}_{92}U$ e, na presença de nêutrons rápidos, pode gerar $^{142}_{56}Ba$ e $^{95}_{38}Sr$ com liberação de três nêutrons e muita energia.

$$^{239}_{94}Pu + {}^{1}_{0}n \rightarrow {}^{142}_{56}Ba + {}^{95}_{38}Sr + 3\,{}^{1}_{0}n + 207\ \text{MeV} \quad (8.28)$$

Esse processo também é usado na construção de usinas nucleares e de bombas de plutônio. Para controlar a reação em cadeia, são usadas barras moderadoras de cádmio ou boro, que são excelentes absorvedores de nêutrons. O controle é feito simplesmente por imersão das barras no reator nuclear, como mostrado na Figura 8.8. Atualmente, os reatores de plutônio contribuem com um terço de toda a energia nuclear produzida no mundo.

Conclusão

Transformações nucleares são muito importantes na química, em virtude do envolvimento de vários isótopos dos elementos em inúmeros processos em que participam partículas elementares do núcleo. Muitas vezes, os processos dão origem a cadeias e geram uma grande quantidade de novos isótopos e produtos, que precisam ser separados e processados para novo aproveitamento em reatores aplicações militares. Sua aplicação na medicina é cada vez mais importante, porém, seu uso também é fonte de preocupações com segurança e qualidade de vida.

CAPÍTULO 9

CONVERSA COM O LEITOR

Neste volume você foi apresentado ao mundo da química, e pôde perceber a linguagem expressa em termos de símbolos, fórmulas e unidades. Não se preocupe se tiver dificuldade de lidar com os números e suas unidades, pois esse é um problema universal ainda fortemente ligado às raízes culturais de cada país. É comum, nos países latinos, ter dificuldades em lidar com graus Farenheit, libras, polegadas, etc. Foi esse o motivo que levou a ciência moderna a adotar um sistema de unidades internacional, SI, para ser válido para todos.

A introdução sobre matéria e energia procurou reunir equações e conceitos básicos de física, necessários para lidar com a construção dos modelos e do conhecimento químico. Nessa linha, foi desenvolvido o modelo atômico e apresentada a questão dos isótopos e da radioatividade.

A natureza quântica da matéria mereceu um capítulo próprio, apresentado com uma linguagem simples, apesar de parecer estranha, por lidar com funções de onda e hamiltonianos. As dificuldades iniciais não devem servir de desestímulo, e a persistência é fundamental. Hoje, a linguagem científica se apoia no conhecimento quântico, pois é ele que rege o nosso mundo nanométrico onde se situa a química. Ignorar essa linguagem equivale a bloquear todo um fluxo de conhecimento que é parte da modernidade. O mundo quântico não é trivial, e muitas das questões parecem bastante filosóficas, e de fato, são mesmo! Mas o fato é que a mecânica quântica tem dado as respostas que procuramos, e por isso ela não pode ficar à margem do ensino da ciência.

A classificação periódica dos elementos procurou explorar o lado comparativo das propriedades, em busca da racionalização do comportamento químico. De fato, é um vício que merece ser cultivado na química, pois amplia nossa capacidade de previsão e de imaginação.

Com base no conhecimento dos átomos, da linguagem quântica, e da classificação periódica, buscou-se uma abordagem conceitual das ligações químicas, explorando a questão da polaridade, as diferenças de eletronegatividade, até chegar aos orbitais moleculares, que parecem tão abstratos. Na realidade, os orbitais moleculares proporcionam a visão mais completa sobre o comportamento dos elétrons nos compostos, e precisam ser trabalhados, sem receios, como parte da realidade química.

A simetria é outro conceito universal. Ela está presente em tudo, e influencia até a nossa percepção de estética. Contudo é importante desenvolver algumas habilidades para lidar com ela, começando pelo reconhecimento dos elementos de simetria, e depois chegando à dedução do grupo de ponto, que foi a nossa meta neste capítulo. Mas a teoria de grupo vai mais além, ao explorar as regras e as consequências matemáticas inerentes, que irão se manifestar na compreensão dos espectros (absorção e emissão de luz), e das propriedades eletrônicas dos materiais.

Finalmente, a estereoquímica foi apresentada com base nos conhecimentos de simetria molecular, e dos efeitos repulsivos observados pelos elétrons mais externos, em vários níveis, com impacto imediato na estrutura espacial e eletrônica dos compostos. Pode parecer curioso, mas não é só de atração que é feita a química!

Um novo capítulo, sobre química nuclear, foi introduzido nesta nova edição, incluindo a descoberta dos novos elementos e os aspectos relacionados com a medicina e a produção de energia.

Os conceitos fornecidos neste volume formam parte importante do requisito necessário para poder avançar na compreensão da química. A outra parte será fornecida no volume 2, sobre energia, estados e transformações.

QUESTÕES PROVOCATIVAS

A) SOBRE MATÉRIA E ENERGIA

1. A descrição da luz como uma onda eletromagnética faz uso de termos como comprimento de onda (λ), frequência (ν) e número de onda $\overline{\nu}$. O que eles significam e quais as unidades físicas associadas aos mesmos? Qual deles está diretamente relacionado com energia? Considerando apenas as ordens de grandeza, a radiação γ (gama) é quantas vezes mais energética que a luz visível?

2. Colocando todas as cores em um disco, e o fazendo girar rapidamente, obtém-se a sensação visual da luz branca. Esse é o disco de Newton. Na prática bastam três cores, como a vermelha, verde e azul para produzir o branco. Assim funciona o sistema de cores das telas de TV. Quando subtrairmos a cor verde desse disco, qual será a sensação resultante? Que conclusão podemos tirar a respeito das cores das substâncias em função dos comprimentos de onda de luz?

3. A distribuição da energia da luz compõe o que chamamos de espectro eletromagnético. Cada faixa espectral tem uma energia suficiente para interagir com diferentes níveis da matéria, como os núcleos, os elétrons dentro dos átomos, os elétrons das ligações, os movimentos atômicos, e assim por diante. Assim, pense a respeito e discuta o que pode acontecer quando ficamos expostos a cada uma dessas radiações.

4. Reflita a respeito dos tamanhos, distâncias e massas no sistema atômico. Onde toda a massa se concentra? A presença de prótons e elétrons em sua constituição faz com que o átomo seja sensível aos campos elétricos e magnéticos, e também interaja com a luz. O que acon-

teceria se o núcleo fosse formado exclusivamente por nêutrons? Dá para imaginar como devem ser as estrelas de nêutrons?

5. Existem histórias interessantes sobre o surgimento da proposta de átomo nuclear, em torno dos experimentos de bombardeamento de uma lâmina de ouro com partículas alfa realizados por Geiger e Rutherford em 1908. Uma delas é que Rutherford não esperava encontrar os resultados observados. Pense a respeito disso. Outro fato curioso é que Rutherford recebeu o Prêmio Nobel pelos seus trabalhos sobre radioatividade, e não pelo modelo atômico revolucionário que inventou. Mas será que teria chegado ao modelo de átomo nuclear sem ter estudado a radioatividade?

6. A espectrometria de massas é atualmente uma das técnicas mais poderosas de investigação da composição e natureza das substâncias químicas. Você consegue explicar como ela funciona? Como ela consegue diferenciar os isótopos presentes nas amostras?

7. Há pouco tempo a IUPAC publicou a Tabela Periódica dos Isótopos, com o mapeamento da distribuição isotópica de todos os elementos químicos em amostras colhidas em várias partes do mundo. Uma das conclusões mais interessantes é que alguns elementos como o Be, F, P, Na, Al, Sc, Mn, Co, As, Y, Nb, Rh, I, Au e Bi só apresentam um isótopo conhecido, enquanto a maioria tem vários isótopos (o Ru e o Mo, por exemplo, têm 7 isótopos cada) porém em quantidades que flutuam ligeiramente conforme o tipo de amostra e sua origem. Essa flutuação excede aos limites estatísticos, e indica que o peso atômico não pode ser tomado como uma constante universal, como se acreditava até o momento. Reflita a respeito desse problema. Como você faria para diferenciar se o seu composto contém rutênio ou ródio com base em espectrometria de massas?

8. Como você faria para diferenciar, sem usar nenhum instrumento, entre uma "pedrinha" de gelo formada por H_2O e outra formada por D_2O?

B) SOBRE A NATUREZA QUÂNTICA DA MATÉRIA

9. Foram vários os indícios e hipóteses que levaram Bohr a aprimorar o modelo atômico criado por Rutherford. Quais foram eles? Que conclusão podemos tirar a respeito do desenvolvimento da ciência?

10. Quando um astrônomo registra a luz vinda das estrelas, ele nota a ausência de algumas frequências, como se fossem linhas escuras ou raias em um filme que retrata o espectro eletromagnético contínuo. Qual é o significado dessas linhas, e que conclusão ele pode tirar de suas observações?

11. Pense a respeito do significado da dualidade partícula-onda introduzida por Louis De Broglie em 1924. Será que isso afeta o nosso caminhar?

12. Quando o elétron descreve uma órbita estacionária ao redor do núcleo, atuando como uma onda, o número de comprimentos de onda percorridos não pode ser fracionário. Qual é o significado dessa constatação?

13. Na descrição matemática do modelo atômico, foi dada preferência ao uso de coordenadas esféricas (angulares) em relação ao sistema de coordenadas cartesianas. Qual foi a vantagem disso?

14. A física tem mostrado que toda partícula elétrica em movimento gera um campo magnético ao seu redor. Qual é a consequência disso no sistema atômico?

15. Regiões nodais representam regiões do espaço em que a função de onda se anula, e portanto a probabilidade é zero. Os orbitais podem ter várias regiões nodais, contudo o número total é dado pelo valor de n, que é o número quântico principal. Em particular, existem as regiões nodais angulares, cujo número total é dado pelo ℓ. Pense a respeito da distribuição espacial, ou probabilística, em função das regiões nodais angulares, e compare suas conclusões com o formato típico dos orbitais.

16. Os orbitais s descrevem regiões de probabilidade com uma ou várias esferas concêntricas, no caso, separadas por regiões nodais. De acordo com a teoria quântica, a função de onda correspondente tem valor máximo no núcleo. Como a função de onda ao quadrado significa probabilidade, então ela deveria ser máxima no núcleo. Mas não existem elétrons no núcleo! Como lidar com esse paradoxo? Por que essa constatação é importante para os químicos?

17. A probabilidade de encontrar o elétron no átomo de hidrogênio é considerada máxima quando sua distância com respeito ao núcleo é 0,0529 nm (igual ao raio do átomo de Bohr). Entretanto, sabe-se que a função de onda do orbital 1s tem um valor máximo quando r = 0. Como se explica esse fato?

18. Calcule o valor do 9º potencial de ionização do flúor, sabendo que para o hidrogênio, o potencial de ionização é igual a 13,6 eV.

19. Se existem regiões nodais, de probabilidade nula para um mesmo orbital, podemos dizer que o elétron estará, ora em uma região, ora em outra? Em outras palavras, precisamos nos preocupar a respeito de como o elétron passa pela região nodal, onde ele não pode existir?

20. Um dos aspectos quânticos mais curiosos no momento é que se as partículas descritas pela mesma função de onda são separadas espacialmente ou perturbadas, elas continuam preservando a informação, como se uma soubesse o que está se passando com a outra. Isso é conhecido como *emaranhamento quântico*, e está sendo cogitado para o desenvolvimento da computação quântica. Pense a respeito disso quando você perturba um dos elétrons que participa de uma ligação química.

21. O número de regiões nodais radiais, no interior do átomo, pode ser calculado subtraindo do número total (n), as regiões nodais angulares (ℓ) e excluindo a última região que seria o infinito, isto é $n_{radial} = n - \ell - 1$. Compare o número de regiões nodais radiais para os orbitais 3d e 3s, de um mesmo átomo. Reflita a respeito

dessa constatação em termos da química esperada, se ela fosse determinada pelo elétron 3s ou 3d. Generalize essa reflexão para a diferenciação da química dos elementos representativos da química dos elementos de transição. Qual foi a sua conclusão?

22. É possível prever onde deverá ocorrer uma região nodal radial, com base na parte radial da função de onda, através do fator pré-exponencial existente. Consultando a função de onda 2s, veja em que distância do núcleo estaria localizada a região nodal esperada, para o átomo de hidrogênio, e repita depois para o hélio.

23. Teoricamente, a energia dos níveis eletrônicos é dada pelo número quântico principal, n, e portanto a ordem normal de preenchimento deveria começar pelos valores mais baixos, ou mais negativos. Entretanto essa não é a ordem verificada quando fazemos uso do processo *aufbau*, representado didaticamente pelo diagrama diagonal, ou de Pauling. Discuta o motivo disso.

24. Calcule as cargas nucleares segundo Slater, para o elétron nos orbitais 3d e 4s dos seguintes elementos: K, Ca, Sc, Ti e V. Discuta quando ocorre a inversão na ordem de preenchimento 4s e 3d.

25. O princípio de Pauli rege o comportamento dos férmions, que são partículas elementares de *spin* fracionário, como o elétron (*spin* ½). Imagine quais seriam as consequências para o nosso mundo se esse princípio não existisse.

C) SOBRE A CLASSIFICAÇÃO PERIÓDICA DOS ELEMENTOS

26. A tabela periódica de Mendeleev, embora seja muito semelhante à que utilizamos atualmente, tem uma falha conceitual que não pode ser ignorada. Qual é essa falha?

27. Em que se baseia a tabela periódica de Longuet-Higgins? Quais são as suas vantagens?

28. Reflita a respeito da configuração da camada de valência dos elementos quando na forma de íons ou compostos típicos, e explique as diferenças esperadas no comportamento químico dos elementos representativos, de transição e dos lantanídios.

29. Observe a variação dos potenciais de ionização dos elementos, da Figura 4.3, e tente achar uma explicação para a tendência de aumento ao longo do período do boro até o neônio, bem como para a quebra no perfil, observada na passagem do nitrogênio para o oxigênio.

30. Discuta a respeito da possibilidade de ocorrer as seguintes reações em fase gasosa:

a) $Kr + He^{+} \rightarrow Kr^{+} + He$

b) $Si + C\ell^{+} \rightarrow Si^{+} + C\ell$

c) $C\ell^{-} + I \rightarrow I^{-} + C\ell$

31. Como se explica a variação dos raios atômicos da Figura 4.4 ao longo de uma família de elementos, e ao longo de um período?

32. Quando se coloca em um gráfico as energias de ionização/afinidade eletrônica de um elemento, como o oxigênio, formando de um lado, O^{+} (1.300 kJ mol^{-1}) , e O^{2+} (3.400 kJ mol^{-1}), e do outro lado O^{-} (–140 kJ mol^{-1}) e O^{2-} (700 kJ mol^{-1}) , em função da carga q = -2, –1, 0, +1, +2, o gráfico obtido é uma parábola. Explique o significado dessa parábola e do valor negativo associado ao O^{-}.

D) SOBRE A ESTRUTURA MOLECULAR E LIGAÇÃO QUÍMICA

33. Explique a lógica da eletronegatividade, segundo Allred-Rochow, e segundo Pauling.

34. Reflita a respeito do que acontece com uma ligação química A-B quando se aumenta a diferença de eletronegatividade, gradualmente, de zero para além de 2.

35. Considere uma situação em que dois átomos A e B são representados pelas funções de onda (orbitais) ψ_A e ψ_B. Quando não existe interação química, a função de probabilidade será dada pela integral de ψ_A^2 e ψ_B^2 centradas em A e B, respectivamente. Na ligação química, as funções de onda se combinam, por exemplo, segundo $\psi_{AB} = (\psi_A \pm \psi_B)$ (vamos simplificar, supondo que a combinação seja igual entre os dois átomos). Verifique como fica a distribuição de probabilidade $\psi_{AB}^2 = (\psi_A \pm \psi_B)^2$ desenvolvendo a expressão quadrática. Discuta o significado desse resultado

36. Observe o diagrama da Figura 5.5, envolvendo uma molécula A-B com orbitais de diferentes energias. Como você descreveria o orbital molecular ligante, e o orbital molecular antiligante, em termos das contribuições individuais? Quais os termos que contribuem para a estabilização do orbital ligante? Qual a importância da separação energética entre os orbitais ψ_A e ψ_B, isto é H_{BB}-H_{AA}. Esses orbitais envolvidos na formação de ligações químicas são chamados de *orbitais de fronteira*.

37. A hibridização dos orbitais é uma estratégia bastante útil usada na Teoria de Ligação de Valência, para acomodar as geometrias dos compostos. Com base nessa teoria, como podemos explicar estrutura octaédrica de compostos como o SF_6?

38. Observe a Figura 5.8 com os orbitais moleculares sobrepostos. Veja que praticamente todo o espaço ao redor dos núcleos fica preenchido pelos orbitais. Nesse quadro global, verifique onde se situam as regiões ligantes e anti-ligantes.

39. Observe a Figura 5.9, e perceba as diferenças entre os diagramas de orbitais moleculares do oxigênio (O_2) e do nitrogênio (N_2). Quais são elas?

40. O oxigênio é uma molécula bastante singular, pois no estado fundamental apresenta dois elétrons desemparelhados, responsáveis por um comportamento denominado *paramagnético*, que faz com que seja atraída pelas linhas de força de um campo magnético. No

estado excitado ele se torna diamagnético, pela inversão de *spin* de um dos elétrons, e passa a repelir as linhas de força. Explique quais são esses estados, observando cuidadosamente a Figura 5.10.

41. Racionalize as variações nas seguintes distâncias de ligação com base na teoria dos orbitais moleculares: O_2^+ (0,112 nm), O_2 (0,121 nm), O_2^- (0,126 nm) e O_2^{2-} (0,149 nm).

42. Compare as energias das ligações nas moléculas biatômicas da Tabela 5.3, e tente explicar por que o nitrogênio molecular, N_2, é o principal constituinte do ar atmosférico (78%).

E) SIMETRIA MOLECULAR

43. Estereoquímica e simetria molecular estão sempre juntas. A percepção de ambas é facilitada com o reconhecimento dos elementos de simetria (eixo de rotação, planos, centro de inversão, eixos de roto-reflexão). Tente identificar esses elementos de simetria na molécula octaédrica, SF_6.

44. Estude como chegar aos grupos de ponto, seguindo o roteiro apresentado no capítulo 6. É importante seguir a ordem proposta, pois ela obedece a uma hierarquia que parte do reconhecimento do eixo C_n, depois de eixos $C_2 \perp Cn$, depois de plano horizontal σ_h, e finalmente σ_v. Assim, tente formular os grupos de ponto de um a) quadrado, b) triângulo, c) retângulo, d) pirâmide de base quadrada, e) trapézio.

45. Determine os grupos de ponto das seguintes moléculas: CH_4, CH_3F, CH_2F_2, $CF_2BrC\ell$ e $CHFBrC\ell$.

46. Os orbitais também têm simetria. Em particular, o núcleo pode ser tomado como um centro de inversão, que separa duas partes com sinais iguais ou opostos. Quando os sinais são iguais, a simetria é descrita pelo

subscrito g (par, ou *gerade*, em alemão). Quando os sinais são opostos, a simetria é descrita pelo subscrito u (ímpar, ou *ungerade*). Verifique a paridade dos orbitais s, p e d mostrados nas Figuras 3.6-3.8.

47. Compare os elementos de simetria encontrados em um cubo e em um octaedro. Justifique por que ambos pertencem ao mesmo grupo de ponto.

48. A simetria é parte da natureza. Está presente nas partículas elementares, nas moléculas, nos objetos e nos seres vivos. Até a existência da partícula considerada a mais fundamental de todas, o bóson de Higgs, está sendo cogitada com base em argumentos de simetria. Só podemos combinar dois orbitais se ambos tiverem a mesma simetria, sob o ponto de vista matemático. Tente verificar o que acontece quando você combina um orbital s com um orbital p, pelo centro ou pelos extremos do mesmo. Faça a mesma coisa com dois orbitais p, e perceba quais orientações podem gerar ligações químicas.

F) SOBRE ESTEREOQUÍMICA E TEORIAS DE REPULSÃO INTERELETRÔNICA

49. A teoria do octeto de Lewis, embora seja comumente representada como oito pontos ao redor do símbolo do elemento, na realidade contempla a repulsão intereletrônica. Como isso deve ser interpretado? Como ficaria essa distribuição se os *spins* fossem levados em consideração, como na teoria de Linnett?

50. Construa as estruturas de Linnett para as seguintes moléculas: N_2, CO, F_2.

51. Tente construir as estruturas de Lewis e de Linnett para a molécula de NO, e discuta os resultados obtidos.

52. Construa a estrutura de Linnett para a molécula de Ozônio (O_3) e para a molécula de NO_2, que é um radical, com uma vacância eletrônica no nitrogênio.

53. A estrutura de Linnett para a molécula de O_2 permite representar tanto o estado fundamental ($^3O_2$) como o estado excitado ($^1O_2$). Como isso é feito?

54. Na teoria de repulsão dos pares eletrônicos de valência, mostre qual é a importância relativa da natureza (tipo) dos pares e dos ângulos de ligação?

55. Proponha a geometria e o grupo de ponto da molécula de $C\ell F_3$ com base na TRPEV.

56. Proponha a geometria e o grupo de ponto da molécula de XeF_4 com base na TRPEV.

57. A teoria de campo cristalino (ou ligante) considera os efeitos de repulsão intereletrônica no íon metálico provocados pela aproximação dos elétrons dos ligantes. Essa repulsão quebra a equivalência energética dos 5 orbitais d. No campo octaédrico, quais orbitais d tornam-se mais energéticos em virtude dessa repulsão?

58. Um composto do tipo MA_2B_2 pode apresentar geometria derivada do tetraedro ou do quadrado (planar). Como elas poderiam ser diferenciadas com base na existência de isômeros geométricos?

59. A isomeria óptica pode ser constatada como o auxílio da luz polarizada. Como isso pode ser feito?

60. Que se entende por isômeros conformacionais?

G) SOBRE QUÍMICA NUCLEAR

61. A composição do universo, incluindo a matéria e a energia escura, deixa qualquer cientista inquieto, pois essas duas entidades não podem ser observadas pelos instrumentos habituais. Sua existência tem origem na teoria de relatividade de Albert Einstein. Entretanto, recentemente, o físico teórico Erik Verlinde, da Universidade de Amsterdã, questionou essa teoria, mostrando que a força da gravidade entre dois corpos muito

afastados no espaço sideral decai menos que o previsto pelas equações de Isaac Newton e Einstein. Dessa forma, conseguiu acomodar os fatos cosmológicos sem supor a existência da matéria negra. Tal polêmica já foi levantada, mas a recente descoberta dos grávitons parece estar em desacordo com a teoria de Einstein. Assim, temos de esperar o que o futuro nos reserva.

62. O conceito de campo é muito importante na física. Segundo a teoria quântica de campos, cada uma das forças que existem na natureza é mediada pela troca de uma partícula. Por exemplo, a força eletromagnética é mediada pelo fóton, a chamada força forte nos núcleos é mediada pelos glúons e as forças fracas entre os quarks que formam prótons e nêutrons são mediadas pelos bósons. Existe, porém, um tipo de bóson, proposto por Peter Higgs, que tem um qualificativo único: a capacidade de conferir massa às partículas. Por esse motivo, tem recebido a conotação especial de "partícula de Deus", podendo explicar o surgimento de massa no universo. Sua existência foi anunciada há pouco tempo pela European Organization for Nuclear Research (CERN) e, por isso, Higgs recebeu o Prêmio Nobel de Física em 2013.

63. Já vimos que, se pudéssemos extrair todos os núcleos atômicos existentes na população inteira do planeta, eles caberiam no espaço de uma simples bolinha de gude. No entanto, se pudéssemos extrair todos os prótons e nêutrons dos núcleos, o volume ocupado por essas partículas seria mil vezes menor, talvez um simples grão de poeira. E se considerarmos, ainda, que prótons e nêutrons também são constituídos por partículas (quarks) ainda menores? Pense nisso quando tentar imaginar o que é um buraco negro! É assim chamado porque, nele, a massa está tão concentrada que a própria luz não consegue escapar dos limites do campo gravitacional nem da distorção espaço-tempo que foi gerada.

64. É importante notar que as energias nucleares são milhões de vezes maiores (Mev) do que as energias envolvidas nas reações químicas (eV). Lembre-se de que as reações químicas refletem as energias das ligações,

a distribuição eletrônica e as características atômicas e moleculares envolvidas. Por essa razão, a diferença de escala energética torna os processos nucleares pouco sensíveis às mudanças químicas. Isso pode ser verdade, mas não significa que os núcleos sejam completamente insensíveis ao ambiente químico. Novamente, trata-se de uma questão de escala. De fato, a existência de uma probabilidade finita no núcleo conduzida pelos orbitais **s** (consultar Capítulo 1) faz com que o núcleo seja sensível às mudanças que ocorrem nas camadas eletrônicas. Esse efeito, do ponto de vista energético global, é muito pequeno, mas pode ser perfeitamente percebido pelas mudanças peculiares no comportamento do *spin* nuclear, que podem ser registrados com enorme precisão e sensibilidade pela **espectroscopia de ressonância nuclear magnética (RNM)**. Ao monitorar a rotação dos *spins* nucleares, essa técnica permite identificar os átomos nas moléculas e estudar suas interações químicas.

65. Outro ponto importante é que os níveis nucleares têm valores de energia extremamente bem definidos. Tanto é assim que a radiação gama emitida durante um decaimento de um nível excitado para outro fundamental produz uma linha espectral muito fina, em vez de uma banda. Essa radiação poderia ser absorvida por outro núcleo idêntico, colocado nas proximidades. Na realidade, isso não ocorre por causa do efeito Doppler. Pode parecer estranho, mas, como o processo radioativo é muito energético, o decaimento com emissão de radiação g produz um efeito de recuo, parecido com o que se sente no disparo de uma arma de fogo. Esse recuo altera a energia da radiação g por alguns infinitésimos, suficientes para evitar a reabsorção por outro núcleo idêntico, já que não vai estar mais em perfeita sintonia (ressonância). Então, o que se pode fazer para atingir essa ressonância? Basta movimentar o absorvedor de modo a compensar o efeito Doppler. Quando sua velocidade de deslocamento for igual à do recuo do emissor g, a sintonia estará perfeita e haverá absorção da radiação g. Esse efeito é a base da **espectroscopia Mössbauer**, lançada em 1957 pelo físico alemão Rudolf Mössbauer. Essa técnica é capaz de fornecer informações importantes sobre os elementos metálicos,

como o Fe, destacando o ambiente químico, a simetria e o estado de oxidação do átomo envolvido.

66. Uma questão interessante a ser discutida é: os pesos atômicos dos elementos são realmente constantes?

67. Como é possível saber, na prática, se um elemento tem isótopos?

68. Uma questão que deve ser consultada e pesquisada é: como os isótopos podem ser separados?

69. Quais são os tipos de decaimento radioativo conhecidos? Represente as equações que descrevem esses tipos de decaimento.

70. Um recurso didático bastante simples para entender o processo de datação é supor que se tenha 365 pedrinhas e que uma delas seja descartada por dia. Pela simples contagem das pedrinhas remanescentes, é possível saber exatamente quantos dias se passaram desde o início. É exatamente isso que é feito na contagem isotópica, embora se use uma linguagem matemática.

71. Questão provocativa: Matusalém, segundo o Antigo Testamento, teria vivido 969 anos; Adão e Noé teriam morrido com 930 e 950 anos, respectivamente. Será que, se eles ainda estivessem vivos, poderíamos usar a técnica de datação por ^{14}C para saber suas idades?

72. Um fato importante sobre a contaminação radioativa foi levantado por Linus Pauling, em 1958, quando liderou um movimento com professores da Universidade de Washington, solicitando um estudo governamental sobre a presença de ^{90}Sr nos dentes da população estadunidense. Por quê? O Sr^{2+}, quando entra no organismo, pode ocupar o lugar dos íons de Ca^{2+}, o que é mais notório na fase de crescimento das crianças. Esse projeto ficou conhecido como *baby tooth survey* e seus resultados, publicados em 1961, mostraram de forma conclusiva que os testes nucleares realizados acima da superfície do planeta ameaçam a saúde pública por meio da chuva radioativa, contaminando os campos, o

leite das vacas e a cadeia alimentar. Desde então, por conta da pressão da opinião pública, os testes nucleares na atmosfera foram definitivamente banidos em todo o mundo.

73. A tragédia ocorrida em Goiânia em 1987 mostrou a importância de zelar pelo descarte correto dos materiais radioativos. Nessa fatalidade, um equipamento de radioterapia de uma clínica particular desativada acabou chegando ao depósito de ferro-velho quando foi iniciado o processo de desmonte. Esse equipamento continha um pequeno núcleo de césio-137 (^{137}Cs) na forma de uma pastilha de CsCl de apenas 3 centímetros, lacrada em um recipiente de aço e chumbo, com uma pequena janela de irídio para permitir a passagem da radiação para o exterior. Esse isótopo decai por emissão beta e tem tempo de meia-vida de 30 anos. Quando foi exposto, durante a desmontagem, os trabalhadores, impressionados pelo intenso brilho azul, acabaram manipulando e distribuindo o material entre familiares e amigos. A curiosidade gerou uma espécie de cadeia de propagação do césio-137 na comunidade, contaminando 1.600 pessoas e provocando 104 mortes até o ano de 2012. Esse foi o pior acidente nuclear já ocorrido no Brasil, sendo classificado como grau 5 na escala internacional de acidentes nucleares, que vai de 0 a 7. A limpeza produziu 13 toneladas de lixo atômico que terão de permanecer lacradas em contêineres por, no mínimo, 180 anos.

74. Tente explicar por que o ferro é um elemento tão abundante no Universo.

75. Quando ocorre um evento nuclear, uma das primeiras providências adotadas pelas agências de proteção é recomendar a ingestão de suprimentos com iodo. Qual o sentido dessa providência?

76. Tente explicar como funciona um reator atômico.

77. Tente explicar como funciona uma bomba atômica.

78. Enquanto as usinas nucleares são consideradas estratégicas em todo o mundo, certos acontecimentos – as bombas atômicas lançadas sobre Hiroshima e de Nagasaki, no Japão, em 1945; a tragédia nuclear de Tchernobil, na União Soviética, em 1986; o acidente nuclear na usina de Fukushima, no Japão, em 2011 (os dois últimos atingiram grau 7 na escala internacional) – têm deixado a humanidade em estado de alerta permanente com relação à energia nuclear. Contudo, também existem fontes naturais de radioatividade que não são monitoradas, como o radônio, no ambiente urbano. Pense a respeito.

79. Muitos dos elementos recentemente descobertos não foram isolados, pois seu tempo de vida é de apenas alguns milésimos de segundo, embora esse período seja suficiente para serem detectados. Na realidade, sua existência foi verificada a partir da análise das cadeias de decaimento radioativo ou transmutação. Como esse tipo de análise pode revelar a existência de um novo elemento?

80. Depois de esgotar os temas do Capítulo 8, levante os prós e os contras da energia nuclear nos tempos modernos.